中国河流泥沙公报

2020

中华人民共和国水利部　编著

·北京·

图书在版编目（CIP）数据

中国河流泥沙公报. 2020 / 中华人民共和国水利部编著. -- 北京 : 中国水利水电出版社, 2021.7
ISBN 978-7-5170-9731-0

Ⅰ. ①中… Ⅱ. ①中… Ⅲ. ①河流泥沙－研究－中国－2020 Ⅳ. ①TV152

中国版本图书馆CIP数据核字(2021)第130081号

审图号：GS（2021）4028号

责任编辑：王志媛

书　名	中国河流泥沙公报 2020 ZHONGGUO HELIU NISHA GONGBAO 2020
作　者	中华人民共和国水利部 编著
出版发行	中国水利水电出版社 （北京市海淀区玉渊潭南路1号D座　100038） 网址：www.waterpub.com.cn E-mail：sales@waterpub.com.cn 电话：（010）68367658（营销中心）
经　售	北京科水图书销售中心（零售） 电话：（010）88383994、63202643、68545874 全国各地新华书店和相关出版物销售网点
排　版	中国水利水电出版社装帧出版部
印　刷	北京博图彩色印刷有限公司
规　格	210mm×285mm　16开本　7印张　212千字
版　次	2021年7月第1版　2021年7月第1次印刷
印　数	0001—1500册
定　价	48.00元

编写说明

1.《中国河流泥沙公报》（以下简称《泥沙公报》）中各流域水沙状况系根据河流选择的水文控制站实测径流量和实测输沙量与多年平均值的比较进行描述。

2. 河流中运动的泥沙一般分为悬移质（悬浮于水中运动）与推移质（沿河底推移运动）两种。《泥沙公报》中的输沙量一般是指悬移质部分，不包括推移质。

3.《泥沙公报》中描写河流泥沙的主要物理量及其定义如下：

流　　量——单位时间内通过某一过水断面的水量（立方米 / 秒）；

径 流 量——一定时段内通过河流某一断面的水量（立方米）；

输 沙 量——一定时段内通过河流某一断面的泥沙质量（吨）；

输沙模数——时段总输沙量与相应集水面积的比值 [吨 /（年 • 平方公里）]；

含 沙 量——单位体积浑水中所含干沙的质量（千克 / 立方米）；

中数粒径——泥沙颗粒组成中的代表性粒径（毫米），小于等于该粒径的泥沙占总质量的 50%。

4. 河流泥沙测验按相关技术规范进行。一般采用断面取样法配合流量测验求算断面单位时间内悬移质的输沙量，并根据水、沙过程推算日、月、年等的输沙量。同时进行泥沙颗粒级配分析，求得泥沙粒径特征值。河床与水库的冲淤变化一般采用断面法测量与推算。

5. 本期《泥沙公报》中除高程专门说明者外，均采用 1985 国家高程基准。

6. 本期《泥沙公报》的多年平均值除另有说明外，一般是指 1950—2020 年实测值的平均数值，如实测起始年份晚于 1950 年，则取实测起始年份至 2020 年的平均值；近 5 年和近 10 年平均值分别是指 2016—2020 年和 2011—2020 年实测值的平均数值；基本持平是指径流量和输沙量的变化幅度不超过 5%。

7. 本期《泥沙公报》新增韩江、南渡江和疏勒河 3 条河流和攀枝花等 22 个水文站、洪水泥沙及近 10 年水沙变化态势等内容。

8. 本期《泥沙公报》发布的泥沙信息不包含香港特别行政区、澳门特别行政区和台湾省的河流泥沙信息。

9. 本期《泥沙公报》参加编写单位为长江水利委员会、黄河水利委员会、淮河水利委员会、海河水利委员会、珠江水利委员会、松辽水利委员会、太湖流域管理局的水文局，北京、天津、河北、内蒙古、山东、黑龙江、辽宁、吉林、新疆、甘肃、陕西、河南、湖北、安徽、湖南、浙江、江西、福建、云南、广西、广东、青海、贵州、海南等省（自治区、直辖市）水文（水资源）（勘测）（管理）局（中心、站、总站）。

《泥沙公报》编写组由水利部水文司、水利部水文水资源监测预报中心、国际泥沙研究培训中心与各流域管理机构水文局有关人员组成。

综 述

本期《泥沙公报》的编报范围包括长江、黄河、淮河、海河、珠江、松花江、辽河、钱塘江、闽江、塔里木河、黑河和疏勒河等 12 条河流及青海湖区。内容包括河流主要水文控制站的年径流量、年输沙量及其年内分布和洪水泥沙特征，重点河段冲淤变化，重要水库及湖泊冲淤变化和重要泥沙事件。

本期《泥沙公报》所编报的主要河流代表水文站（以下简称代表站）2020 年总径流量为 16910 亿立方米（表 1），较多年平均年径流量 14440 亿立方米偏大 17%，较近 10 年平均年径流量 14530 亿立方米偏大 16%，较 2019 年径流量增大 8%；代表站年总输沙量为 4.77 亿吨，较多年平均年输沙量 14.5 亿吨偏小 67%，较近 10 年平均年输沙量 3.67 亿吨偏大 30%，较 2019 年输沙量增大 36%。其中，2020 年长江和珠江代表站的径流量分别占主要河流代表站年总径流量的 66% 和 17%；长江和黄河代表站的年输沙量分别占主要河流代表站年总输沙量的 34% 和 50%；2020 年黄河、塔里木河和疏勒河代表站平均含沙量较大，分别为 5.11 千克 / 立方米、1.16 千克 / 立方米和 0.867 千克 / 立方米，其他河流代表站平均含沙量均小于 0.307 千克 / 立方米。

长江流域代表站 2020 年实测径流量和实测输沙量分别为 11180 亿立方米和 16400 万吨。2020 年干流主要水文控制站实测水沙特征值与多年平均值比较，各站年径流量偏大 11% ～ 70%；直门达站和石鼓站年输沙量分别偏大 97% 和 134%，其他站偏小 47% ～ 99%。与近 10 年平均值比较，2020 年各站径流量偏大 14% ～ 37%；攀枝花站和向家坝站年输沙量分别偏小 67% 和 94%，其他站偏大 12% ～ 139%。2008 年 9 月至 2020 年 12 月，重庆主城区河段累积冲刷量为 2075.2 万立方米；2002 年 10 月至 2020 年 10 月，荆江河段平滩河槽冲刷量为 12.29 亿立方米。2020 年三峡水库库区淤积泥沙量为 1.44 亿吨，水库排沙比为 26%；丹江口水库库区淤积泥沙量为 139.3 万吨，水库排沙比为 0.5%。2020 年洞庭湖湖区泥沙淤积量为 1210 万吨，淤积比为 52%；鄱阳湖湖区泥沙淤积量为 382 万吨，淤积比为 53%。

黄河流域代表站 2020 年实测径流量和实测输沙量分别为 469.6 亿立

表 1　2020 年主要河流代表水文站与实测水沙特征值

河　流	代表水文站	控制流域面积（万平方公里）	年径流量（亿立方米）			年输沙量（万吨）		
			多年平均	近 10 年平均	2020 年	多年平均	近 10 年平均	2020 年
长江	大通	170.54	8983	9100	11180	35100	11900	16400
黄河	潼关	68.22	335.3	301.0	469.6	92100	17900	24000
淮河	蚌埠＋临沂	13.16	282.0	227.4	417.3	997	340	961
海河	石匣里＋响水堡＋滦县＋下会＋张家坟＋阜平＋小觉＋观台＋元村集	14.43	73.68	30.32	22.83	3770	132	22.1
珠江	高要＋石角＋博罗＋潮安＋龙塘	45.11	3138	3133	2858	6980	2490	2300
松花江	佳木斯	52.83	643.4	707.2	1076	1260	1260	2370
辽河	铁岭＋新民＋邢家窝棚＋唐马寨	14.87	74.15	65.88	76.32	1490	202	234
钱塘江	兰溪＋诸暨＋上虞东山	2.43	218.3	245.5	249.3	275	365	307
闽江	竹岐＋永泰（清水壑）	5.85	576.0	589.6	431.1	576	203	92.4
塔里木河	阿拉尔＋焉耆	15.04	72.76	72.95	67.91	2050	1270	791
黑河	莺落峡	1.00	16.67	20.68	19.83	193	106	42.4
疏勒河	昌马堡＋党城湾	2.53	14.02	18.57	16.34	421	478	142
青海湖	布哈河口＋刚察	1.57	12.18	20.13	20.74	49.9	78.9	61.5
合计		407.58	14440	14530	16910	145000	36700	47700

方米和 24000 万吨。2020 年干流主要水文控制站实测水沙特征值与多年平均值比较，各站年径流量偏大 25%～71%；唐乃亥站和头道拐站年输沙量分别偏大 56% 和 43%，其他站偏小 44%～75%。与近 10 年平均值比较，各站径流量偏大 41%～69%；小浪底站输沙量基本持平，兰州站偏小 36%，其他站偏大 34%～147%。2020 年度内蒙古河段石嘴山、巴彦高勒和头道拐各站断面表现为淤积，三湖河口站断面表现为冲刷；黄河下游河道冲刷量为 0.465 亿立方米，其中高村至孙口河段表现为淤积，其余河段表现为冲刷；下游河道引水量和引沙量分别为 121.1 亿立方米和 3300 万吨。2020 年三门峡水库淤积量为 0.271 亿立方米；小浪底水库冲刷量为 0.645 亿立方米。

淮河流域代表站 2020 年实测径流量和实测输沙量分别为 417.3 亿立方米和 961 万吨。与多年平均值比较，2020 年代表站径流量偏大 48%，年输沙量基本持平；与近 10 年平均值比较，2020 年代表站径流量和输沙量分别偏大 84% 和 183%。

海河流域代表站2020年实测径流量和实测输沙量分别为22.83亿立方米和22.1万吨。与多年平均值比较，2020年代表站径流量和输沙量分别偏小69%和99%；与近10年平均值比较，2020年代表站径流量和输沙量分别偏小25%和83%。

珠江流域代表站2020年实测径流量和实测输沙量分别为2858亿立方米和2300万吨。与多年平均值比较，2020年代表站径流量和输沙量分别偏小9%和67%；与近10年平均值比较，2020年代表站径流量和输沙量分别偏小9%和8%。

松花江流域代表站2020年实测径流量和实测输沙量分别为1076亿立方米和2370万吨。与多年平均值比较，2020年代表站径流量和输沙量分别偏大67%和88%；与近10年平均值比较，2020年代表站径流量和输沙量分别偏大52%和88%。

辽河流域代表站2020年实测径流量和实测输沙量分别为76.32亿立方米和234万吨。与多年平均值比较，2020年代表站径流量基本持平，年输沙量偏小84%；与近10年平均值比较，2020年代表站径流量和输沙量均偏大16%。

钱塘江流域代表站2020年实测径流量和实测输沙量分别为249.3亿立方米和307万吨。与多年平均值比较，2020年代表站径流量和输沙量分别偏大14%和12%。

闽江流域代表站2020年实测径流量和实测输沙量分别为431.1亿立方米和92.4万吨。与多年平均值比较，2020年代表站径流量偏小25%，年输沙量偏大84%。

塔里木河流域代表站2020年实测径流量和实测输沙量分别为67.91亿立方米和791万吨。与多年平均值比较，2020年代表站径流量和输沙量分别偏小7%和61%。

黑河流域代表站2020年实测径流量和实测输沙量分别为19.83亿立方米和42.4万吨。与多年平均值比较，2020年代表站径流量偏大19%，年输沙量偏小78%。

疏勒河流域代表站2020年实测径流量和实测输沙量分别为16.34亿立方米和142万吨。与多年平均值比较，2020年代表站径流量偏大17%，年输沙量偏小66%。

青海湖区代表站2020年实测径流量和实测输沙量分别为20.74亿立方米和61.5万吨。与多年平均值比较，2020年代表站径流量和输沙量分别偏大70%和23%。

本期《泥沙公报》所编报的主要河流代表站近5年和近10年平均总径流量分别为15410亿立方米和14530亿立方米，年平均输沙量分别为4.00亿吨和3.67亿吨。与多年平均值比较，近5年主要河流代表站年平均径流量偏大7%，年平均输沙量偏小72%；近10年主要河流代表站年平均径流量基本持平，年平均输沙量偏小75%。与多年平均值比较，近5年黄河、淮河和珠江各流域代表站年平均径流量基本持平，海河代表站和辽河代表站分别偏小55%和25%，其他流域代表站偏大6%～102%；近5年钱塘江代表站年平均输沙量基本持平，松花江、疏勒河和青海湖区各流域代表站偏大11%～102%，其他流域代表站偏小37%～95%。与多年平均值比较，近10年长江、珠江、闽江和塔里木河各流域代表站年平均径流量基本持平，黄河、淮河、海河和辽河各流域代表站偏小10%～59%，其他流域代表站偏大10%～65%；近10年松花江代表站年平均输沙量基本持平，钱塘江、疏勒河和青海湖区各流域代表站偏大14%～58%，其他流域代表站偏小38%～96%。

2020年主要泥沙事件包括：长江流域2020年发生了流域性大洪水，河道输沙量大幅度增加，干流及主要支流河道崩岸严重，崩岸114处，崩岸长度为66154米；金沙江乌东德水电站开始蓄水运用。黄河流域2020年小浪底水库汛期排沙效果显著，汛期排沙比为95%；2002年黄河调水调沙以来下游平滩流量不断增加。钱塘江流域梅雨期发生洪涝灾害。

目录

第五章　珠江

第六章　松花江与辽河

第七章　东南河流

第八章　内陆河流

封面：珠江流域南盘江支流黄泥河（陈少波　摄）
封底：辽河入海口盘山节制闸
正文图片：参编单位提供

《中国河流泥沙公报》选用主要水文控制站分布示意图
图例
首都
省级行政中心
水文站
国界
未定国界
省级界
河流
南海诸岛

鄱阳湖区支流抚河盱江河段

第一章　长江

一、概述

2020 年长江流域新增干流金沙江攀枝花水文站和鄱阳湖区支流饶河渡峰坑水文站。

2020 年长江干流主要水文控制站实测水沙特征值与多年平均值比较，各站年径流量偏大 11% ~ 70%；直门达站和石鼓站年输沙量分别偏大 97% 和 134%，其他站偏小 47% ~ 99%。与近 10 年平均值比较，2020 年各站径流量偏大 14% ~ 37%；攀枝花站和向家坝站年输沙量分别偏小 67% 和 94%，其他站偏大 12% ~ 139%。与上年度比较，2020 年各站径流量增大 15% ~ 23%；攀枝花站年输沙量基本持平，其他站增大 55% ~ 432%。

2020 年长江主要支流水文控制站水沙特征值与多年平均值比较，汉江皇庄站年径流量偏小 12%，其他站偏大 17% ~ 37%；高场站年输沙量偏大 58%，武隆站和皇庄站分别偏小 69% 和 92%，其他站基本持平。与近 10 年平均值比较，2020 年各站径流量和输沙量分别偏大 13% ~ 41% 和 18% ~ 186%。与上年度比较，2020 年各站径流量和输沙量分别增大 11% ~ 69% 和 65% ~ 377%。

2020 年洞庭湖区和鄱阳湖区主要水文控制站水沙特征值与多年平均值比较，洞庭湖区资水桃江、沅江桃源、澧水石门、松滋河（西）新江口、松滋河（东）沙道观和湖口城陵矶各站年径流量偏大 17% ~ 49%，其他站偏小 11% ~ 65%；各站年输沙量偏小 15% ~ 95%。鄱阳湖区赣江外洲站和抚河李家渡站年径流量分别偏小 10% 和 12%，信江梅港站和湖口水道湖口站基本持平，其他站偏大 25% ~ 56%；饶河虎山、饶河渡峰坑和修水万家埠各站年输沙量偏大 68% ~ 204%，其他站偏小 47% ~ 81%。与近

10年平均值比较，2020年洞庭湖区湘江湘潭站径流量偏小12%，其他站偏大18%～171%；湘潭、桃江和城陵矶各站年输沙量分别偏小60%、68%和41%，其他站偏大31%～284%。鄱阳湖区虎山、渡峰坑和万家埠各站年径流量偏大16%～36%，湖口站基本持平，其他站偏小8%～15%；虎山、渡峰坑和万家埠各站年输沙量偏大41%～102%，其他站偏小8%～60%。与上年度比较，2020年洞庭湖区湘潭站和桃江站年径流量分别减小36%和11%，其他站增大18%～279%；湘潭、桃江和城陵矶各站年输沙量减小7%～85%，其他站增大160%～4206%。鄱阳湖区虎山、渡峰坑和万家埠各站年径流量增大10%～48%，其他站减小20%～38%；虎山、渡峰坑和万家埠各站年输沙量增大13%～459%，其他站减小35%～63%。

近5年长江干流实测水沙特征值与多年平均值比较，向家坝站年平均径流量基本持平，其他站偏大6%～33%；直门达站和石鼓站年平均输沙量分别偏大43%和60%，其他站偏小65%～99%。近10年水沙特征值与多年平均值比较，直门达站年平均径流量偏大24%，其他站基本持平；直门达站和石鼓站年平均输沙量分别偏大27%和29%，其他站偏小66%～95%。

2008年9月至2020年12月，重庆主城区河段累积冲刷量为2075.2万立方米；2002年10月至2020年10月，荆江河段河床持续冲刷，平滩河槽冲刷量为12.29亿立方米。2020年三峡水库库区淤积泥沙量为1.44亿吨，水库排沙比为26%；丹江口水库库区淤积泥沙量为139.3万吨，水库排沙比为0.5%。2020年洞庭湖区泥沙淤积量为1210万吨，淤积比为52%；鄱阳湖区泥沙淤积量为382万吨，淤积比为53%。

2020年主要泥沙事件包括长江发生全流域性大洪水，河道输沙量大幅增加，崩岸严重；乌东德水电站开始蓄水运用。

二、径流量与输沙量

（一）新增水文站径流量与输沙量历年变化

2020年长江流域新增水文站包括长江上游金沙江中游河段的攀枝花站和鄱阳湖区支流饶河的渡峰坑站，两站分别位于四川省攀枝花市和江西省景德镇市，控制流域面积分别为25.92万平方公里和0.50万平方公里。攀枝花站和渡峰坑站实测水沙特征值及历年径流量与输沙量变化分别见表1-1和图1-1。

（二）2020年实测水沙特征值

1. 长江干流

2020年长江干流主要水文控制站实测水沙特征值与多年平均值、近10年平均值

表 1-1　长江流域新增水文站实测水沙特征值

河　流		金沙江	饶　河
水文控制站		攀枝花	渡峰坑
控制流域面积（万平方公里）		25.92	0.50
年径流量（亿立方米）	多年平均	568.4（1966—2020 年）	47.58（1953—2020 年）
	最大值	763.6（1998 年）	101.0（1954 年）
	最小值	382.2（1994 年）	18.19（1963 年）
年输沙量（万吨）	多年平均	4300（1966—2020 年）	46.2（1956—2020 年）
	最大值	12700（1998 年）	155（1998 年）
	最小值	198（2019 年）	3.73（2005 年）
年平均含沙量（千克 / 立方米）	多年平均	0.754（1966—2020 年）	0.097（1956—2020 年）
	最大值	1.67（1998 年）	0.204（1996 年）
	最小值	0.033（2020 年）	0.016（2005 年）
年平均中数粒径（毫米）	多年平均	0.013（1987—2020 年）	
	最大值	0.022（2007 年）	
	最小值	0.008（2009 年）	
输沙模数［吨 /（年・平方公里）］	多年平均	166（1966—2020 年）	92.4（1956—2020 年）
	最大值	490（1998 年）	310（1998 年）
	最小值	7.64（2019 年）	7.46（2005 年）

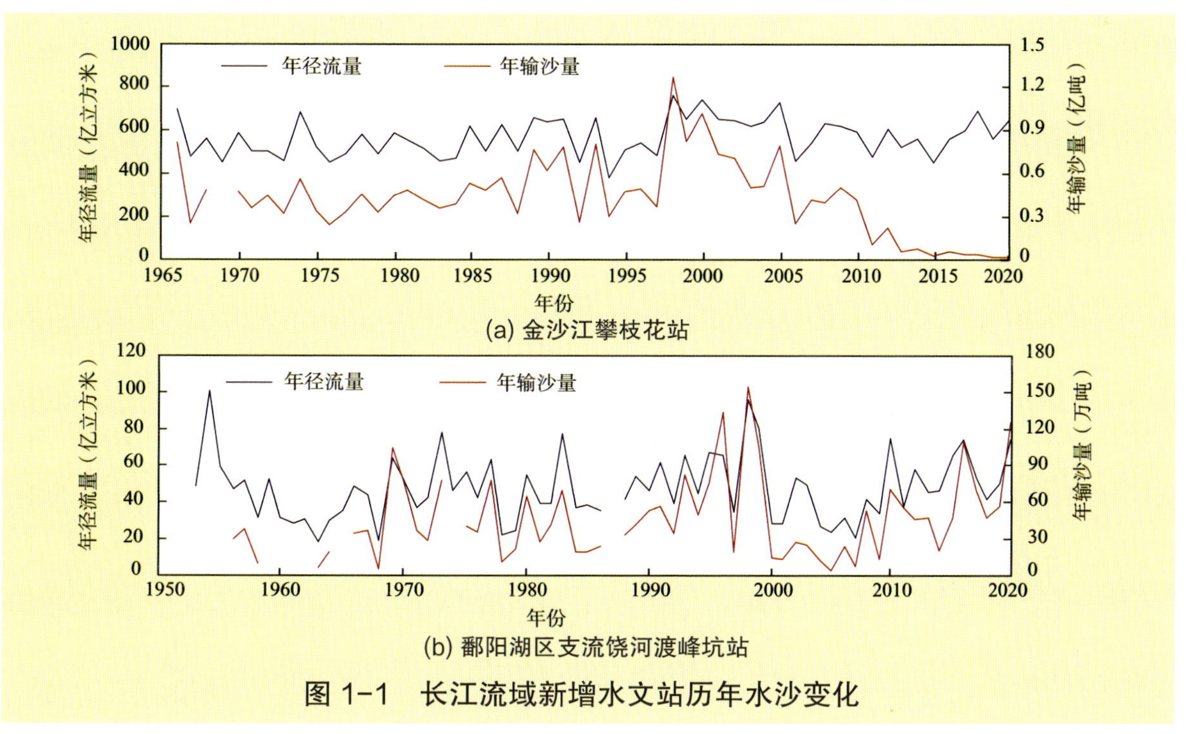

图 1-1　长江流域新增水文站历年水沙变化

及2019年值的比较见表1-2和图1-2。

表1-2 长江干流主要水文控制站实测水沙特征值对比表

水文控制站		直门达	石鼓	攀枝花	向家坝	朱沱	寸滩	宜昌	沙市	汉口	大通
控制流域面积（万平方公里）		13.77	21.42	25.92	45.88	69.47	86.66	100.55		148.80	170.54
年径流量（亿立方米）	多年平均	134.0 (1957—2020年)	426.8 (1952—2020年)	568.4 (1966—2020年)	1425 (1956—2020年)	2668 (1954—2020年)	3448 (1950—2020年)	4330 (1950—2020年)	3932 (1955—2020年)	7074 (1954—2020年)	8983 (1950—2020年)
	近5年平均	178.7	458.4	612.8	1485	2896	3639	4663	4289	7496	9674
	近10年平均	166.4	433.0	568.7	1368	2665	3438	4418	4032	7086	9100
	2019年	184.3	435.9	562.0	1344	2748	3577	4466	4059	7132	9334
	2020年	227.5	515.4	647.9	1586	3179	4221	5442	4978	8794	11180
年输沙量（亿吨）	多年平均	0.100 (1957—2020年)	0.268 (1958—2020年)	0.430 (1966—2020年)	2.06 (1956—2020年)	2.51 (1956—2020年)	3.53 (1953—2020年)	3.76 (1950—2020年)	3.26 (1956—2020年)	3.17 (1954—2020年)	3.51 (1951—2020年)
	近5年平均	0.143	0.428	0.032	0.015	0.553	0.922	0.207	0.328	0.726	1.22
	近10年平均	0.127	0.345	0.064	0.218	0.654	0.968	0.196	0.326	0.794	1.19
	2019年	0.113	0.378	0.020	0.007	0.449	0.639	0.088	0.188	0.573	1.05
	2020年	0.197	0.628	0.021	0.013	0.982	1.87	0.468	0.587	0.886	1.64
年平均含沙量（千克/立方米）	多年平均	0.745 (1957—2020年)	0.631 (1958—2020年)	0.754 (1966—2020年)	1.44 (1956—2020年)	0.946 (1956—2020年)	1.03 (1953—2020年)	0.869 (1950—2020年)	0.831 (1956—2020年)	0.448 (1954—2020年)	0.392 (1951—2020年)
	2019年	0.613	0.870	0.035	0.005	0.163	0.180	0.020	0.046	0.081	0.113
	2020年	0.868	1.22	0.033	0.008	0.308	0.444	0.086	0.118	0.101	0.146
年平均中数粒径（毫米）	多年平均		0.016 (1987—2020年)	0.013 (1987—2020年)	0.013 (1987—2020年)	0.011 (1987—2020年)	0.010 (1987—2020年)	0.008 (1987—2020年)	0.019 (1987—2020年)	0.012 (1987—2020年)	0.011 (1987—2020年)
	2019年		0.015	0.013	0.012	0.012	0.012	0.009	0.022	0.014	0.020
	2020年		0.016	0.010	0.009	0.013	0.012	0.009	0.014	0.012	0.018
输沙模数［吨/(年·平方公里)］	多年平均	72.6 (1957—2020年)	125 (1958—2020年)	166 (1966—2020年)	449 (1956—2020年)	361 (1956—2020年)	407 (1953—2020年)	374 (1950—2020年)		213 (1954—2020年)	206 (1951—2020年)
	2019年	82.1	176	7.64	1.58	64.6	73.7	8.74		38.5	61.6
	2020年	143	293	8.18	2.72	141	216	46.5		59.5	96.2

2020年长江干流主要水文控制站实测径流量与多年平均值比较，直门达、石鼓、攀枝花、向家坝、朱沱、寸滩、宜昌、沙市、汉口和大通各站分别偏大70%、23%、14%、11%、19%、22%、26%、27%、24%和24%；与近10年平均值比较，上述各站分别偏大37%、35%、14%、16%、19%、23%、23%、23%、24%和23%；与上年度比较，上述各站分别增大23%、18%、15%、18%、16%、18%、22%、23%、23%和20%。

2020年长江干流主要水文控制站实测输沙量与多年平均值比较，直门达站和石鼓站分别偏大97%和134%，攀枝花、向家坝、朱沱、寸滩、宜昌、沙市、汉口和大通各站分别偏小95%、99%、61%、47%、88%、82%、72%和53%；与近10年平均值比较，直门达、石鼓、朱沱、寸滩、宜昌、沙市、汉口和大通各站分别偏大55%、

82%、50%、93%、139%、80%、12% 和 38%，攀枝花站和向家坝站分别偏小 67% 和 94%；与上年度比较，直门达、石鼓、向家坝、朱沱、寸滩、宜昌、沙市、汉口和大通各站分别增大 74%、66%、79%、119%、193%、432%、212%、55% 和 56%，攀枝花站基本持平。

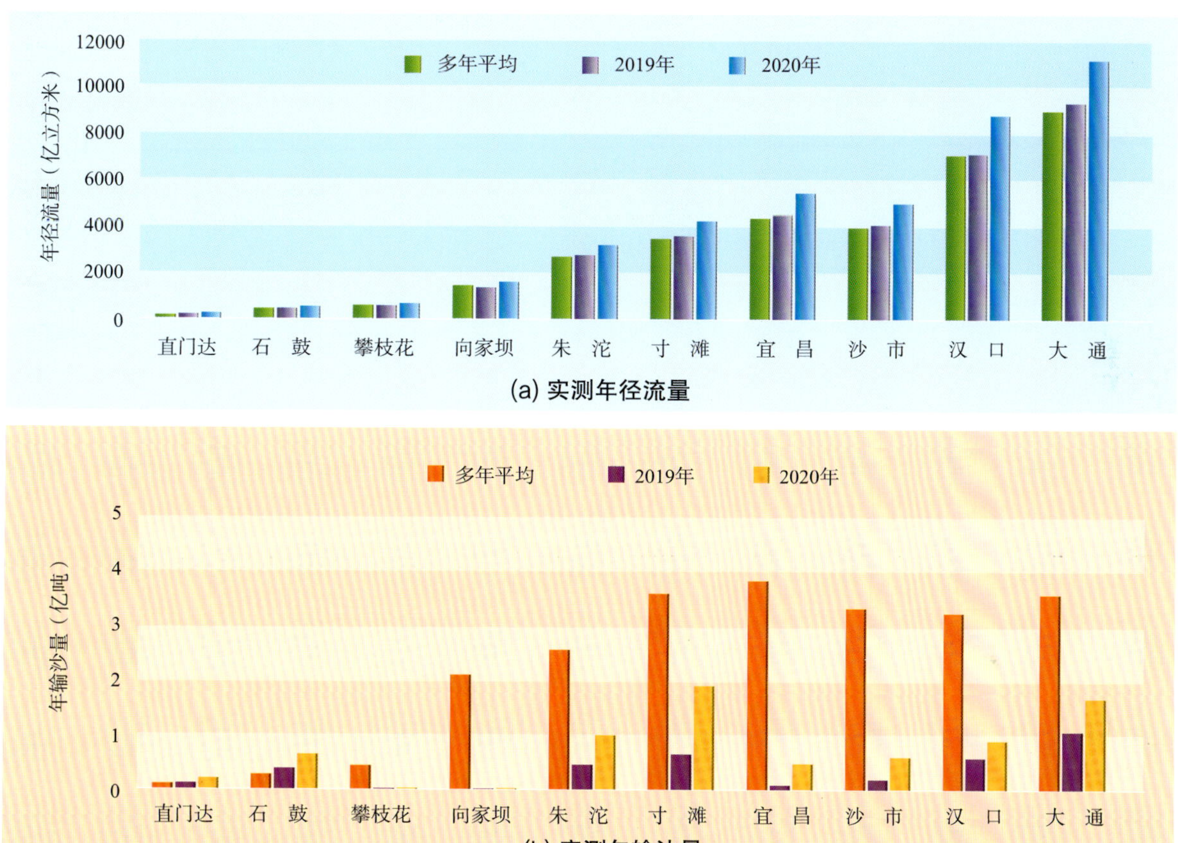

图 1-2　长江干流主要水文控制站水沙特征值对比

近 5 年长江干流主要水文控制站年平均实测水沙特征值与多年平均值比较，向家坝站年平均径流量基本持平，直门达、石鼓、攀枝花、朱沱、寸滩、宜昌、沙市、汉口和大通各站分别偏大 33%、7%、8%、9%、6%、8%、9%、6% 和 8%；直门达站和石鼓站年平均输沙量分别偏大 43% 和 60%，攀枝花、向家坝、朱沱、寸滩、宜昌、沙市、汉口和大通各站分别偏小 93%、99%、78%、74%、94%、90%、77% 和 65%。近 10 年水沙特征值与多年平均值比较，直门达站年平均径流量偏大 24%，其他站基本持平；直门达站和石鼓站年平均输沙量分别偏大 27% 和 29%，攀枝花、向家坝、朱沱、寸滩、宜昌、沙市、汉口和大通各站分别偏小 85%、89%、74%、73%、95%、90%、75% 和 66%。

2. 长江主要支流

2020 年长江主要支流水文控制站实测水沙特征值与多年平均值、近 10 年平均值及 2019 年值的比较见表 1-3 和图 1-3。

2020 年长江主要支流水文控制站实测径流量与多年平均值比较，雅砻江桐子林、岷江高场、嘉陵江北碚和乌江武隆各站分别偏大 17%、28%、35% 和 37%，汉江皇庄站偏小 12%；与近 10 年平均值比较，桐子林、高场、北碚、武隆和皇庄各站分别偏大 20%、27%、30%、41% 和 13%；与上年度比较，桐子林、高场、北碚、武隆和皇庄各站分别增大 29%、15%、11%、43% 和 69%。

2020 年长江主要支流水文控制站实测输沙量与多年平均值比较，高场站偏大 58%，武隆站和皇庄站分别偏小 69% 和 92%，桐子林站和北碚站基本持平；与近 10 年平均值比较，桐子林、高场、北碚、武隆和皇庄各站分别偏大 19%、186%、165%、141% 和 18%；与上年度比较，桐子林、高场、北碚、武隆和皇庄各站分别增大 377%、90%、311%、242% 和 65%。

表 1-3　长江主要支流水文控制站实测水沙特征值对比表

河流		雅砻江	岷江	嘉陵江	乌江	汉江
水文控制站		桐子林	高场	北碚	武隆	皇庄
控制流域面积（万平方公里）		12.84	13.54	15.67	8.30	14.21
年径流量（亿立方米）	多年平均	595.2（1999—2020 年）	847.9（1956—2020 年）	657.4（1956—2020 年）	485.6（1956—2020 年）	458.2（1950—2020 年）
	近 10 年平均	579.3	855.1	680.1	473.8	356.1
	2019 年	538.5	946.6	801.8	465.7	238.5
	2020 年	693.9	1086	886.7	666.8	402.6
年输沙量（亿吨）	多年平均	0.122（1999—2020 年）	0.419（1956—2020 年）	0.922（1956—2020 年）	0.210（1956—2020 年）	0.412（1951—2020 年）
	近 10 年平均	0.104	0.232	0.336	0.027	0.028
	2019 年	0.026	0.349	0.217	0.019	0.020
	2020 年	0.124	0.663	0.892	0.065	0.033
年平均含沙量（千克/立方米）	多年平均	0.206（1999—2020 年）	0.494（1956—2020 年）	1.40（1956—2020 年）	0.433（1956—2020 年）	0.899（1951—2020 年）
	2019 年	0.048	0.370	0.270	0.041	0.082
	2020 年	0.179	0.612	1.01	0.098	0.083
年平均中数粒径（毫米）	多年平均		0.016（1987—2020 年）	0.008（2000—2020 年）	0.008（1987—2020 年）	0.045（1987—2020 年）
	2019 年		0.012	0.010	0.014	0.027
	2020 年		0.013	0.011	0.009	0.015
输沙模数［吨/(年·平方公里)］	多年平均	95.0（1999—2020 年）	310（1956—2020 年）	588（1956—2020 年）	253（1956—2020 年）	290（1951—2020 年）
	2019 年	19.9	258	138	23.0	13.8
	2020 年	96.6	490	569	78.8	23.4

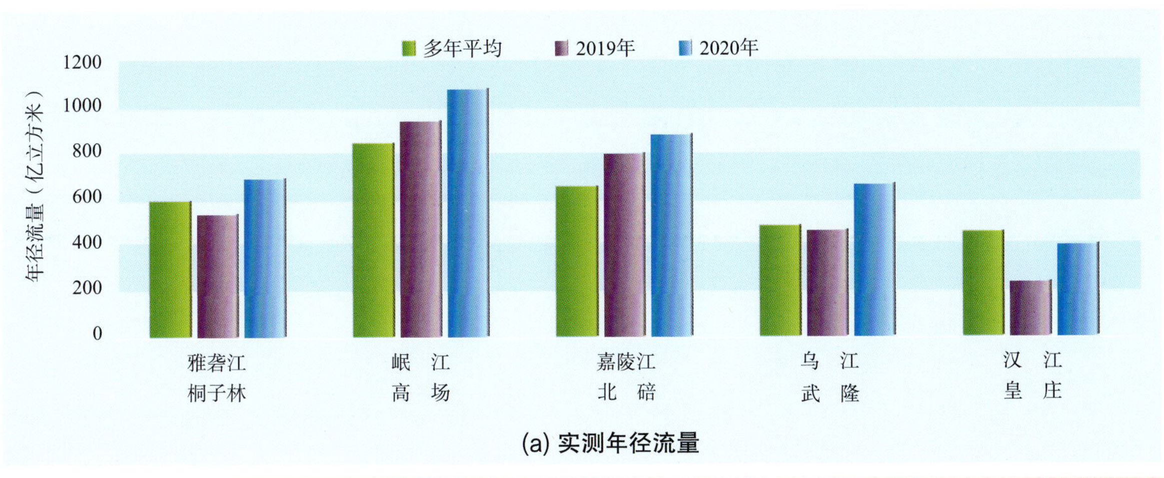

(a) 实测年径流量

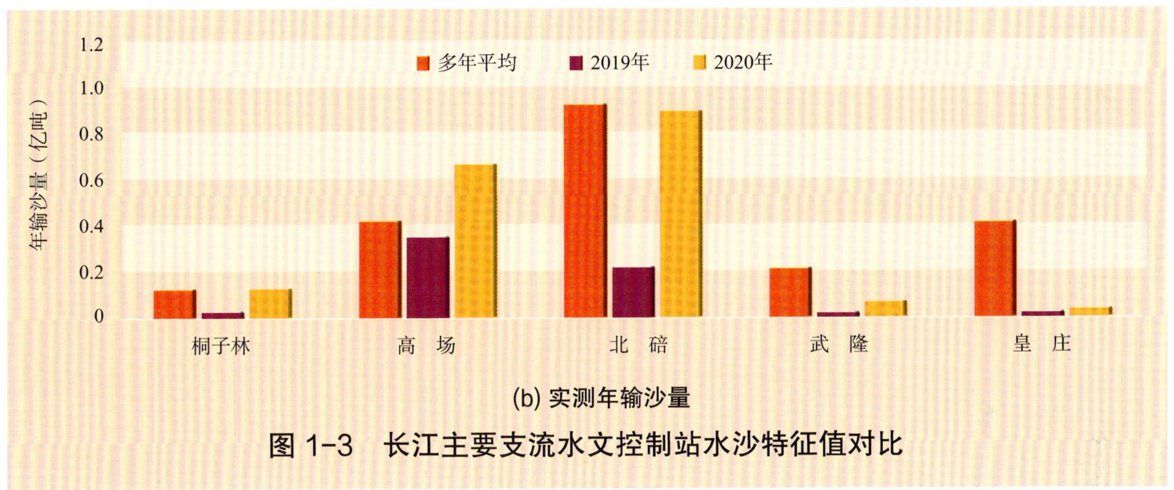

(b) 实测年输沙量

图 1-3 长江主要支流水文控制站水沙特征值对比

3. 洞庭湖区

2020 年洞庭湖区主要水文控制站实测水沙特征值与多年平均值、近 10 年平均值及 2019 年值的比较见表 1-4 和图 1-4。

2020 年洞庭湖区主要水文控制站实测径流量与多年平均值比较，资水桃江、沅江桃源和澧水石门各站分别偏大 17%、42% 和 49%，湘江湘潭站偏小 11%；荆江河段松滋口、太平口和藕池口（以下简称“三口”）区域内，新江口站和沙道观站分别偏大 34% 和 20%，弥陀寺、藕池（康）和藕池（管）各站分别偏小 35%、65% 和 28%；洞庭湖湖口城陵矶站偏大 20%。与近 10 年平均值比较，2020 年桃江、桃源和石门各站分别偏大 18%、33% 和 48%，湘潭站偏小 12%；荆江三口新江口、沙道观、弥陀寺、藕池（康）和藕池（管）各站分别偏大 52%、101%、33%、171% 和 94%；城陵矶站偏大 30%。与上年度比较，2020 年桃源站和石门站分别增大 24% 和 93%，湘潭站和桃江站分别减小 36% 和 11%；荆江三口各站分别增大 61%、111%、98%、279% 和 125%；城陵矶站增大 18%。

2020 年洞庭湖区主要水文控制站实测输沙量与多年平均值比较，湘潭、桃江、桃

表 1-4　洞庭湖区主要水文控制站实测水沙特征值对比表

河流		湘江	资水	沅江	澧水	松滋河（西）	松滋河（东）	虎渡河	安乡河	藕池河	洞庭湖湖口
水文控制站		湘潭	桃江	桃源	石门	新江口	沙道观	弥陀寺	藕池（康）	藕池（管）	城陵矶
控制流域面积（万平方公里）		8.16	2.67	8.52	1.53						
年径流量（亿立方米）	多年平均	660.7（1950—2020年）	229.0（1951—2020年）	648.0（1951—2020年）	147.9（1950—2020年）	292.4（1955—2020年）	96.00（1955—2020年）	143.1（1953—2020年）	23.43（1950—2020年）	289.4（1950—2020年）	2842（1951—2020年）
	近10年平均	666.7	225.3	692.6	149.5	258.0	57.53	69.85	3.000	107.5	2609
	2019年	926.4	299.1	741.8	114.3	243.6	54.68	47.06	2.142	92.88	2873
	2020年	589.4	266.8	921.7	220.9	391.3	115.6	93.18	8.128	208.6	3404
年输沙量（万吨）	多年平均	875（1953—2020年）	177（1953—2020年）	883（1952—2020年）	474（1953—2020年）	2510（1955—2020年）	1000（1955—2020年）	1360（1954—2020年）	311（1956—2020年）	3920（1956—2020年）	3630（1951—2020年）
	近10年平均	427	69.8	134	105	264	74.6	67.4	4.59	174	1860
	2019年	926	148	67.6	9.36	158	35.1	24.6	1.39	83.6	1180
	2020年	171	22.6	176	403	661	210	148	14.1	506	1100
年平均含沙量（千克/立方米）	多年平均	0.133（1953—2020年）	0.078（1953—2020年）	0.136（1952—2020年）	0.321（1953—2020年）	0.858（1955—2020年）	1.04（1955—2020年）	0.983（1954—2020年）	1.93（1956—2020年）	1.59（1956—2020年）	0.128（1951—2020年）
	2019年	0.100	0.050	0.009	0.008	0.065	0.064	0.052	0.065	0.090	0.041
	2020年	0.029	0.008	0.019	0.183	0.169	0.182	0.158	0.173	0.242	0.032
年平均中数粒径（毫米）	多年平均	0.027（1987—2020年）	0.031（1987—2020年）	0.012（1987—2020年）	0.017（1987—2020年）	0.009（1987—2020年）	0.008（1990—2020年）	0.008（1990—2020年）	0.010（1990—2020年）	0.011（1987—2020年）	0.005（1987—2020年）
	2019年	0.030	0.012	0.009	0.009	0.014	0.011	0.011	0.009	0.012	0.011
	2020年	0.008	0.012	0.009	0.011	0.010	0.010	0.011	0.010	0.012	0.010
输沙模数［吨/(年·平方公里)］	多年平均	107（1953—2020年）	66.3（1953—2020年）	104（1952—2020年）	310（1953—2020年）						
	2019年	113	55.3	7.93	6.11						
	2020年	20.9	8.45	20.7	263						

源和石门各站分别偏小 80%、87%、80% 和 15%；荆江三口新江口、沙道观、弥陀寺、藕池（康）和藕池（管）各站分别偏小 74%、79%、89%、95% 和 87%；城陵矶站偏小 70%。与近 10 年平均值比较，2020 年桃源站和石门站分别偏大 31% 和 284%，湘潭站和桃江站分别偏小 60% 和 68%；荆江三口各站分别偏大 150%、182%、120%、207% 和 191%；城陵矶站偏小 41%。与上年度比较，2020 年桃源站和石门站分别增大 160% 和 4206%，湘潭站和桃江站分别减小 82% 和 85%；荆江三口各站分别增大 318%、498%、502%、914% 和 505%；城陵矶站减小 7%。

4. 鄱阳湖区

2020 年鄱阳湖区主要水文控制站实测水沙特征值与多年平均值、近 10 年平均值及 2019 年值的比较见表 1-5 和图 1-5。

2020 年鄱阳湖区主要水文控制站实测径流量与多年平均值比较，饶河虎山、饶河渡峰坑和修水万家埠各站分别偏大 25%、56% 和 33%，赣江外洲站和抚河李家渡站分别偏小 10% 和 12%，信江梅港站和湖口水道湖口站基本持平；与近 10 年平均值比较，虎山、渡峰坑和万家埠各站分别偏大 16%、36% 和 16%，外洲、李家渡和梅港各站分

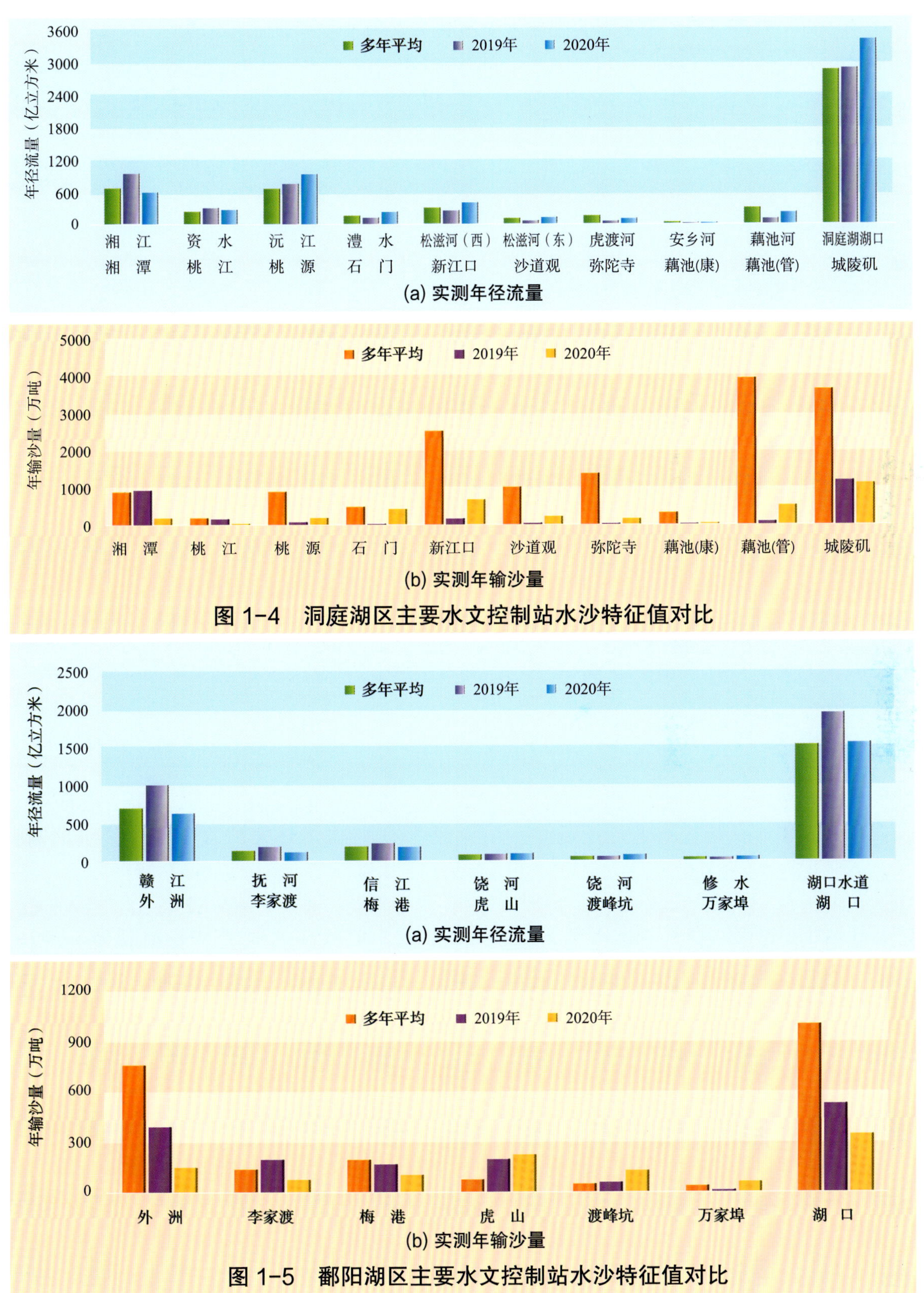

(a) 实测年径流量

(b) 实测年输沙量

图 1-4　洞庭湖区主要水文控制站水沙特征值对比

(a) 实测年径流量

(b) 实测年输沙量

图 1-5　鄱阳湖区主要水文控制站水沙特征值对比

表 1-5　鄱阳湖区主要水文控制站实测水沙特征值对比表

河流		赣江	抚河	信江	饶河	饶河	修水	湖口水道
水文控制站		外洲	李家渡	梅港	虎山	渡峰坑	万家埠	湖口
控制流域面积（万平方公里）		8.09	1.58	1.55	0.64	0.50	0.35	16.22
年径流量（亿立方米）	多年平均	689.2（1950—2020 年）	128.2（1953—2020 年）	181.8（1953—2020 年）	72.14（1953—2020 年）	47.58（1953—2020 年）	35.83（1953—2020 年）	1518（1950—2020 年）
	近 10 年平均	727.5	131.9	193.8	77.69	54.71	41.20	1623
	2019 年	995.7	182.2	227.3	82.07	50.07	34.54	1938
	2020 年	622.9	112.4	178.8	89.93	74.15	47.66	1547
年输沙量（万吨）	多年平均	759（1956—2020 年）	135（1956—2020 年）	191（1955—2020 年）	72.3（1956—2020 年）	46.2（1956—2020 年）	34.9（1957—2020 年）	1000（1952—2020 年）
	近 10 年平均	198	117	109	156	62.4	30.4	861
	2019 年	390	194	165	194	56.5	10.5	525
	2020 年	146	72.2	99.9	220	126	58.7	341
年平均含沙量（千克/立方米）	多年平均	0.111（1956—2020 年）	0.108（1956—2020 年）	0.107（1955—2020 年）	0.100（1956—2020 年）	0.097（1956—2020 年）	0.099（1957—2020 年）	0.066（1952—2020 年）
	2019 年	0.039	0.107	0.073	0.237	0.113	0.030	0.027
	2020 年	0.024	0.064	0.056	0.244	0.170	0.123	0.022
年平均中数粒径（毫米）	多年平均	0.043（1987—2020 年）	0.046（1987—2020 年）	0.015（1987—2020 年）				0.007（2006—2020 年）
	2019 年	0.008	0.012	0.012				0.011
	2020 年	0.009	0.012	0.012				0.011
输沙模数［吨/（年·平方公里）］	多年平均	93.8（1956—2020 年）	85.4（1956—2020 年）	123（1955—2020 年）	113（1956—2020 年）	92.4（1956—2020 年）	99.7（1957—2020 年）	61.7（1952—2020 年）
	2019 年	48.2	123	106	304	113	29.6	32.4
	2020 年	18.0	45.7	64.3	345	251	165	21.0

别偏小 14%、15% 和 8%，湖口站基本持平；与上年度比较，虎山、渡峰坑和万家埠各站分别增大 10%、48% 和 38%，外洲、李家渡、梅港和湖口各站分别减小 37%、38%、21% 和 20%。

2020 年鄱阳湖区主要水文控制站实测输沙量与多年平均值比较，虎山、渡峰坑和万家埠各站分别偏大 204%、173% 和 68%，外洲、李家渡、梅港和湖口各站分别偏小 81%、47%、48% 和 66%；与近 10 年平均值比较，虎山、渡峰坑和万家埠各站分别偏大 41%、102% 和 93%，外洲、李家渡、梅港和湖口各站分别偏小 26%、38%、8% 和 60%；与上年度比较，虎山、渡峰坑和万家埠各站分别增大 13%、123% 和 459%，外洲、李家渡、梅港和湖口各站分别减小 63%、63%、39% 和 35%。

2020 年 7 月 6 日 18 时至 7 月 8 日 6 时，鄱阳湖区湖口水道湖口站发生倒灌，倒灌总径流量为 2.042 亿立方米，倒灌总输沙量为 8484 吨。

（三）径流量与输沙量年内变化

1. 长江干流

2020 年长江干流主要水文控制站逐月径流量与输沙量的变化见图 1-6。2020 年长

图 1-6　2020 年长江干流主要水文控制站逐月径流量与输沙量变化

江干流主要水文控制站直门达、石鼓、攀枝花、向家坝、朱沱、寸滩、宜昌、沙市、汉口和大通各站的径流量与输沙量主要集中在5—10月，分别占全年的69%～88%和84%～100%。

2. 长江主要支流

2020年长江主要支流水文控制站逐月径流量与输沙量的变化见图1-7。2020年长江主要支流水文控制站桐子林、高场、北碚、武隆和皇庄各站径流量与输沙量主要集中在5—10月，分别占全年的67%～83%和86%～100%。

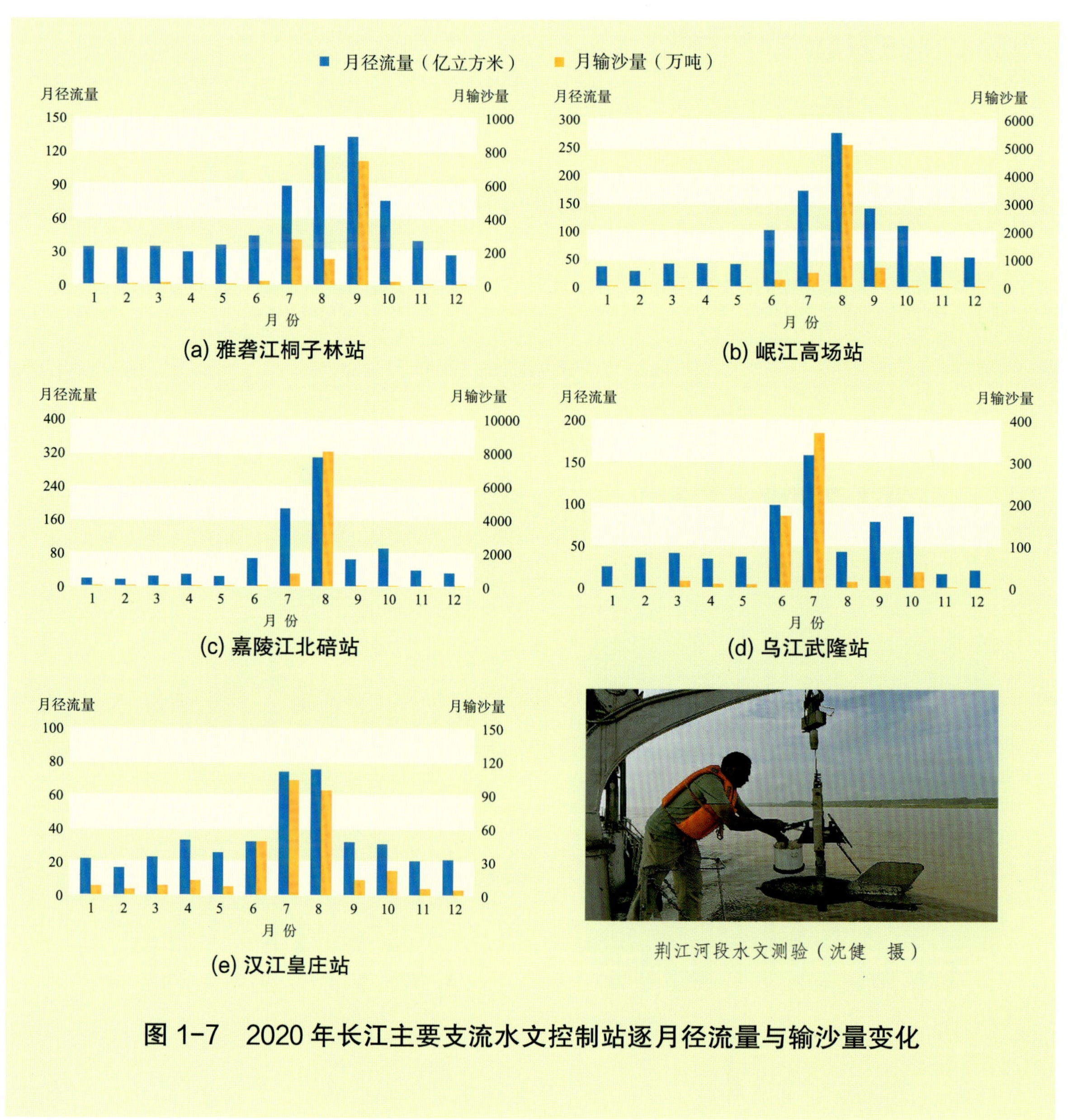

荆江河段水文测验（沈健 摄）

图1-7 2020年长江主要支流水文控制站逐月径流量与输沙量变化

3. 洞庭湖区和鄱阳湖区

2020年洞庭湖区和鄱阳湖区主要水文控制站逐月径流量和输沙量的变化见图1-8。洞庭湖区湘潭站径流量和输沙量主要集中在3—7月，分别占全年的67%和99%；桃源站径流量和输沙量主要集中在6—10月，分别占全年的68%和100%；城陵矶站径流量和输沙量分布较均匀，6—10月分别占全年的66%和50%。

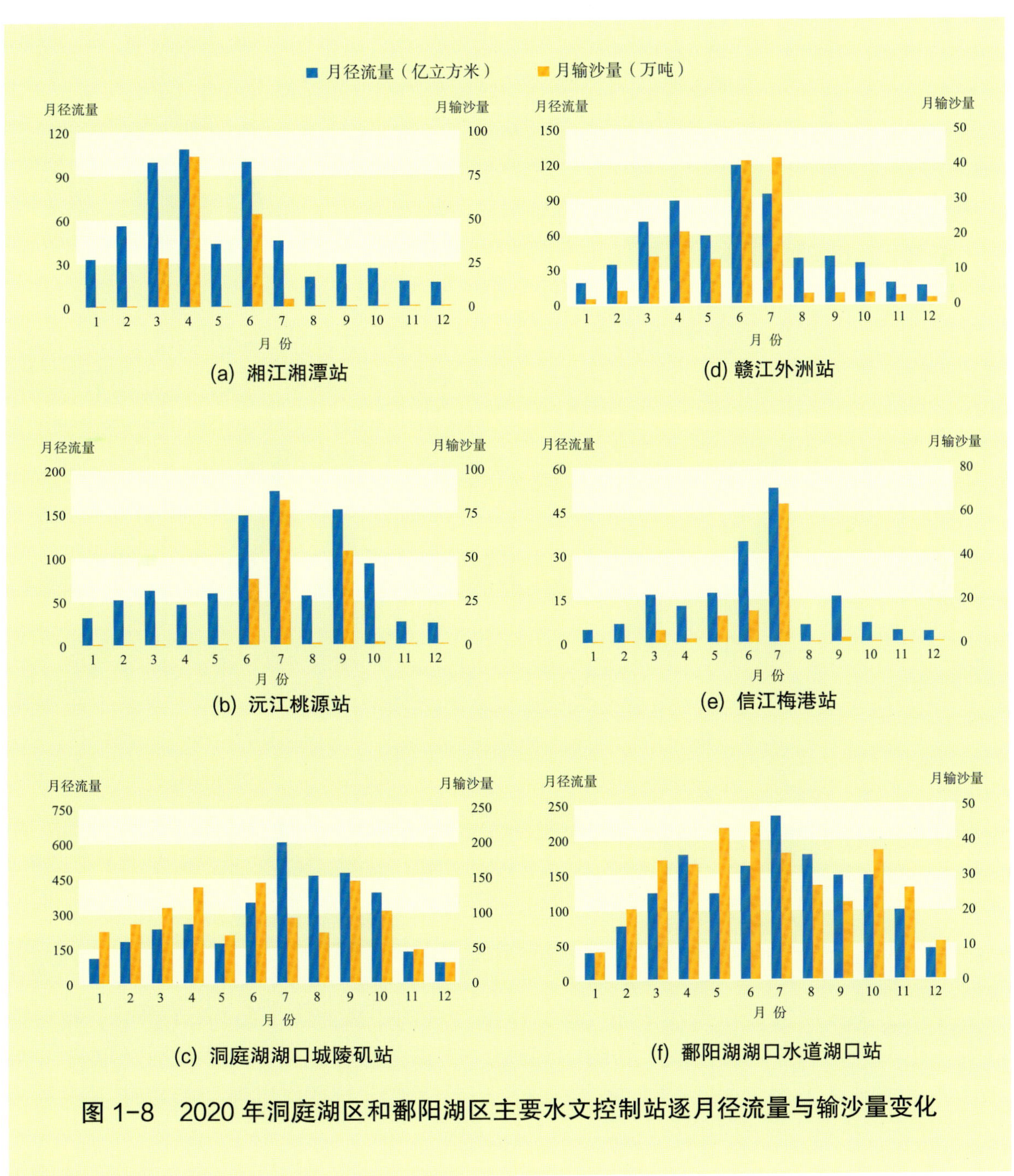

图 1-8　2020 年洞庭湖区和鄱阳湖区主要水文控制站逐月径流量与输沙量变化

鄱阳湖区外洲站和梅港站径流量和输沙量主要集中在3—7月，径流量分别占全年的68%和73%，输沙量分别占全年的88%和97%；湖口站径流量和输沙量分布较为均匀，汛期3—8月径流量和输沙量均占全年的64%。

（四）洪水泥沙

2020年长江流域先后发生5次编号洪水（三峡水库入库洪峰流量大于50000立方米/秒），其中第4号和第5号洪水的水沙特征值见表1-6。

表1-6　2020年长江流域洪水泥沙特征值

洪水编号	水文站	洪水起止时间（月.日 时:分）	洪水径流量（亿立方米）	洪水输沙量（万吨）	洪峰流量		最大含沙量	
					流量（立方米/秒）	发生时间（月.日 时:分）	含沙量（千克/立方米）	发生时间（月.日）
4	岷江高场	8.10 17:45—8.15 03:45	49.77	953	23100	8.13 03:10	7.54	8.12
	沱江富顺	8.12 14:05—8.15 22:30	15.79	624	9110	8.14 03:45	8.60	8.13
	嘉陵江北碚	8.11 14:35—8.15 17:30	72.65	1800	23100	8.14 11:00	9.69	8.13
	朱　沱	8.11 20:05—8.16 18:00	114.6	1480	39400	8.14 09:36	2.38	8.13
	寸　滩	8.11 20:25—8.16 15:10	187.3	3160	57600	8.14 18:58	4.86	8.14
5	岷江高场	8.16 12:05—8.23 06:50	96.83	3015	37500	8.18 19:55	7.20	8.18
	沱江富顺	8.15 22:30—8.21 16:15	28.54	1229	10700	8.18 17:15	8.27	8.18
	嘉陵江北碚	8.15 17:30—8.22 03:15	121.5	5570	32600	8.19 05:00	7.30	8.19
	朱　沱	8.16 18:00—8.21 20:00	183.8	3400	49600	8.19 19:25	4.40	8.19
	寸　滩	8.16 15:10—8.22 08:00	305.3	7870	77400	8.20 06:35	4.07	8.20

三、重点河段冲淤变化

（一）重庆主城区河段

1. 河段概况

重庆主城区河段是指长江干流大渡口至铜锣峡的干流河段（长约40公里）和嘉陵江井口至朝天门的嘉陵江河段（长约20公里），嘉陵江在朝天门从左岸汇入长江。重庆主城区河道在平面上呈连续弯曲的河道形态，弯道段与顺直过渡段长度所占比例约为1:1，河势稳定。重庆主城区河段河势见图1-9。

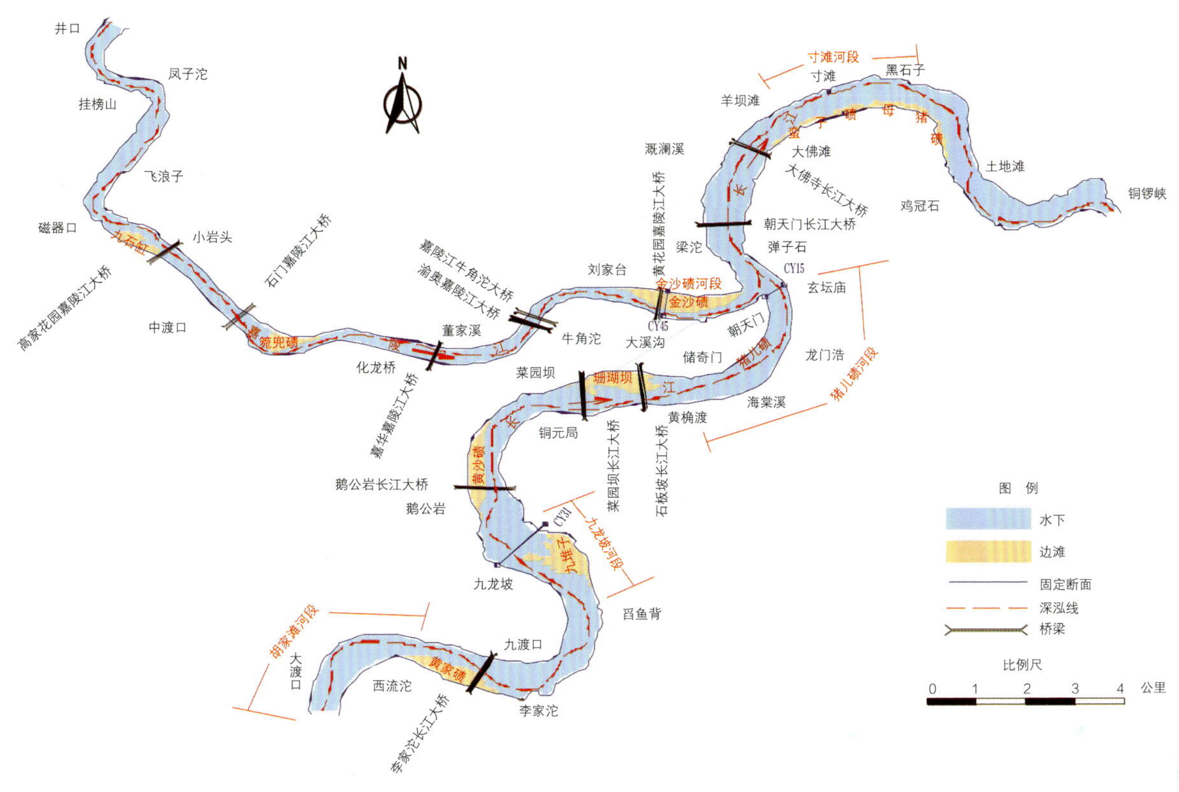

图 1-9　重庆主城区河段河势示意图

2. 冲淤变化

重庆主城区河段位于三峡水库变动回水区上段，2008 年三峡水库进行 175 米（吴淞基面，三峡水库水位、高程下同）试验性蓄水后，受上游来水来沙变化及人类活动影响，2008 年 9 月中旬至 2020 年 12 月全河段累积冲刷量为 2075.2 万立方米。其中，嘉陵江汇合口以下的长江干流河段冲刷 105.8 万立方米，汇合口以上长江干流河段冲刷 1773.7 万立方米，嘉陵江河段冲刷 195.7 万立方米。

2019 年 12 月至 2020 年 12 月，重庆主城区河段总体为淤积，泥沙淤积量为 192.4 万立方米。其中，长江干流汇合口以上河段淤积 108.0 万立方米，长江干流汇合口以下河段冲刷 9.6 万立方米，嘉陵江河段淤积 94.0 万立方米。局部重点河段九龙坡、猪儿碛、寸滩和金沙碛各河段均表现为淤积。具体见表 1-7 和图 1-10。

表 1-7　重庆主城区河段冲淤量

单位：万立方米

时段 \ 河段	局部重点河段				长江干流		嘉陵江	全河段
	九龙坡	猪儿碛	寸　滩	金沙碛	汇合口（CY15）以上	汇合口（CY15）以下		
2008 年 9 月至 2019 年 12 月	− 272.1	− 153.9	+13.0	− 30.0	− 1881.7	− 96.2	− 289.7	− 2267.6
2019 年 12 月至 2020 年 5 月	+13.9	+11.7	+10.4	+7.0	+40.8	+17.9	+0.7	+59.4
2020 年 5 月至 2020 年 10 月	+34.4	+14.5	+4.7	+14.8	+148.9	+48.7	+118.3	+315.9
2020 年 10 月至 2020 年 12 月	− 15.6	− 4.3	− 12.2	− 7.0	− 81.7	− 76.2	− 25.0	− 182.9
2019 年 12 月至 2020 年 12 月	+32.7	+21.9	+2.9	+14.8	+108.0	− 9.6	+94.0	+192.4
2008 年 9 月至 2020 年 12 月	− 239.4	− 132.0	+15.9	− 15.2	− 1773.7	− 105.8	− 195.7	− 2075.2

注　1.“+”表示淤积，“−”表示冲刷。

2. 九龙坡、猪儿碛和寸滩各河段分别为长江九龙坡港区、汇合口上游干流港区和寸滩新港区，计算河段长度分别为 2364 米、3717 米和 2578 米；金沙碛河段为嘉陵江口门段（朝天门附近），计算河段长度为 2671 米。

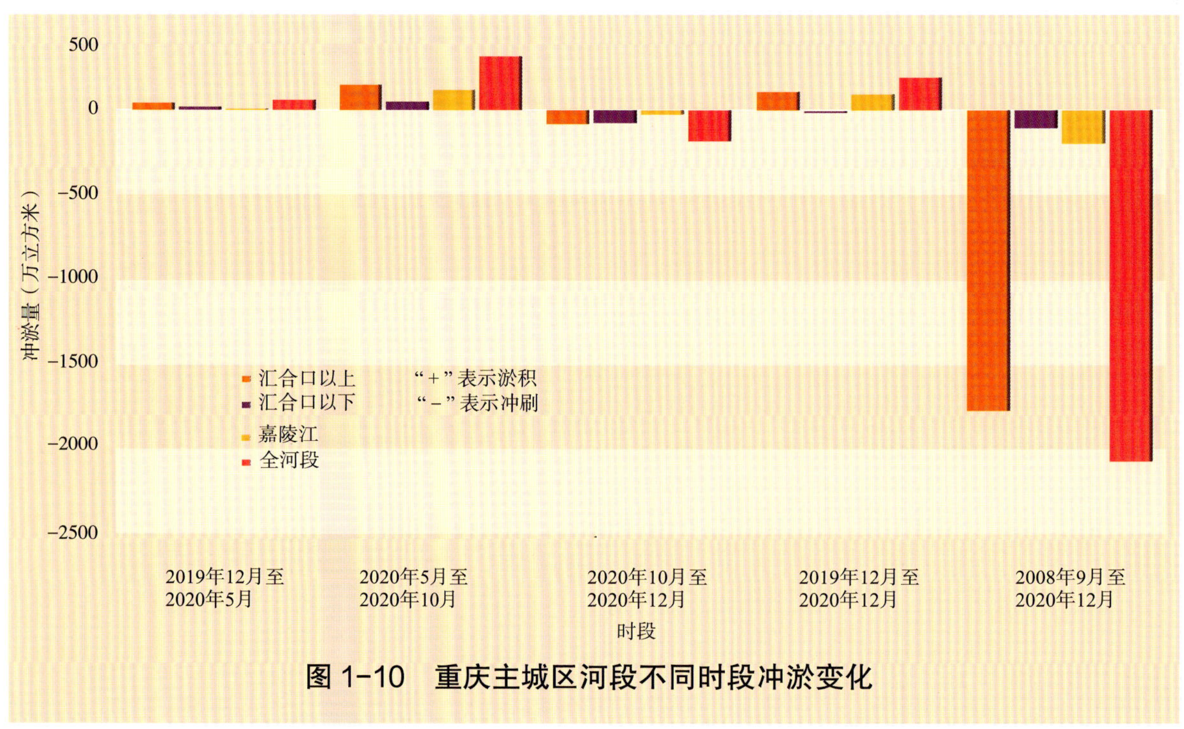

图 1-10　重庆主城区河段不同时段冲淤变化

3. 典型断面冲淤变化

三峡水库 175 米试验性蓄水以来，重庆主城区河段年际间河床断面形态无明显变化，局部有一定的冲淤变化（图 1-11）。重庆主城区河段年内冲淤一般表现为汛期以淤积为主，汛前消落期河床以冲刷为主，汛后蓄水前期由于上游来水仍较大，且坝前水位较低，河床也以冲刷为主，到蓄水后期才转为淤积。2020 年受多次洪水影响，局部有明显淤积。河段断面年内有冲有淤（图 1-12），局部受采砂影响高程有所下降。

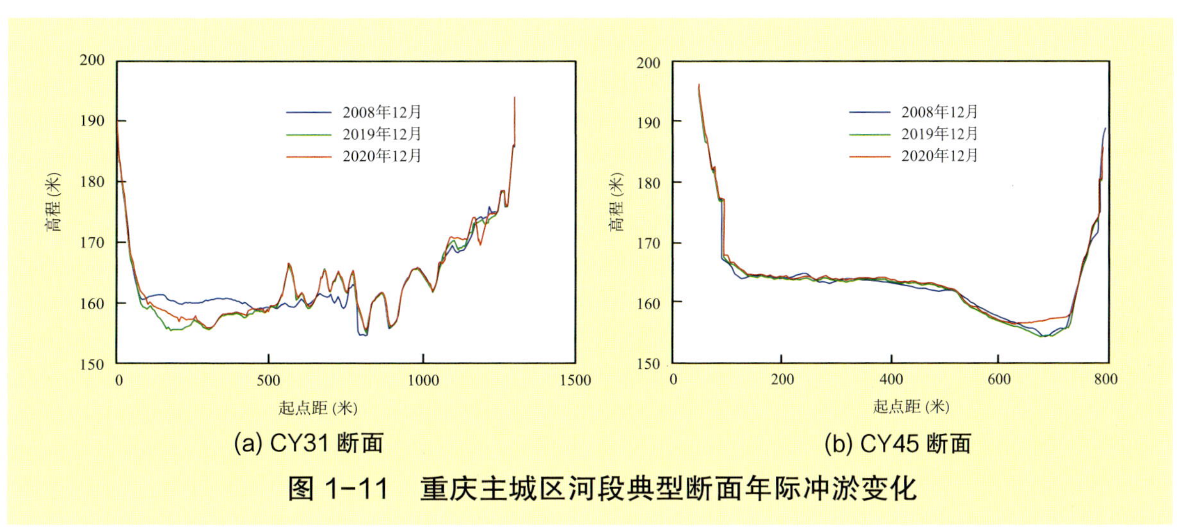

(a) CY31 断面　(b) CY45 断面

图 1-11　重庆主城区河段典型断面年际冲淤变化

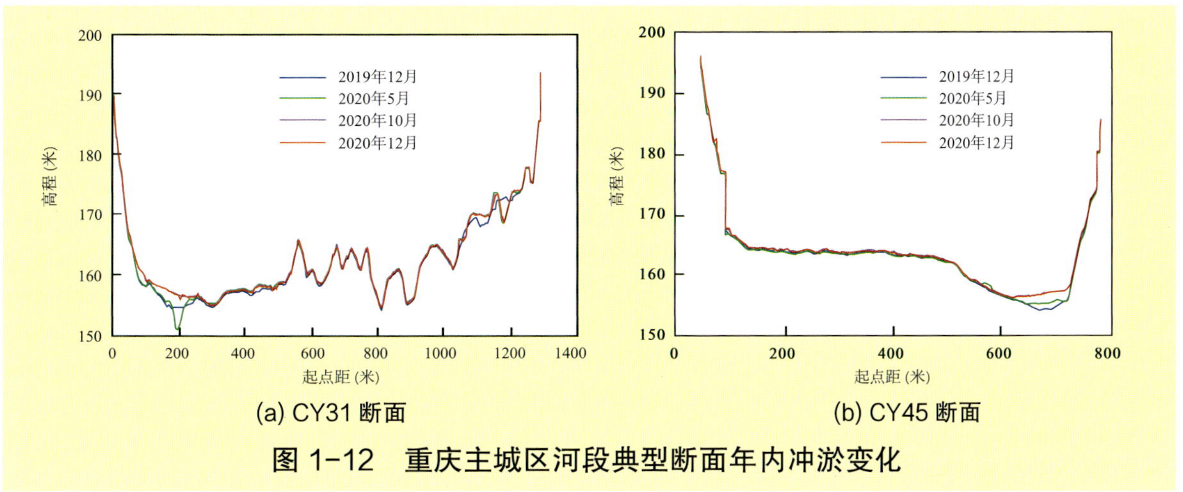

(a) CY31 断面　(b) CY45 断面

图 1-12　重庆主城区河段典型断面年内冲淤变化

4. 河道深泓纵剖面冲淤变化

重庆主城区河段深泓纵剖面有冲有淤，2008 年 12 月至 2020 年 12 月主要以冲刷为主，深泓累积淤积幅度一般在 3.0 米以内，深泓累积冲刷幅度一般在 4.0 米以内；2020 年年内深泓冲淤幅度一般在 0.5 米以内。深泓纵剖面变化见图 1-13。

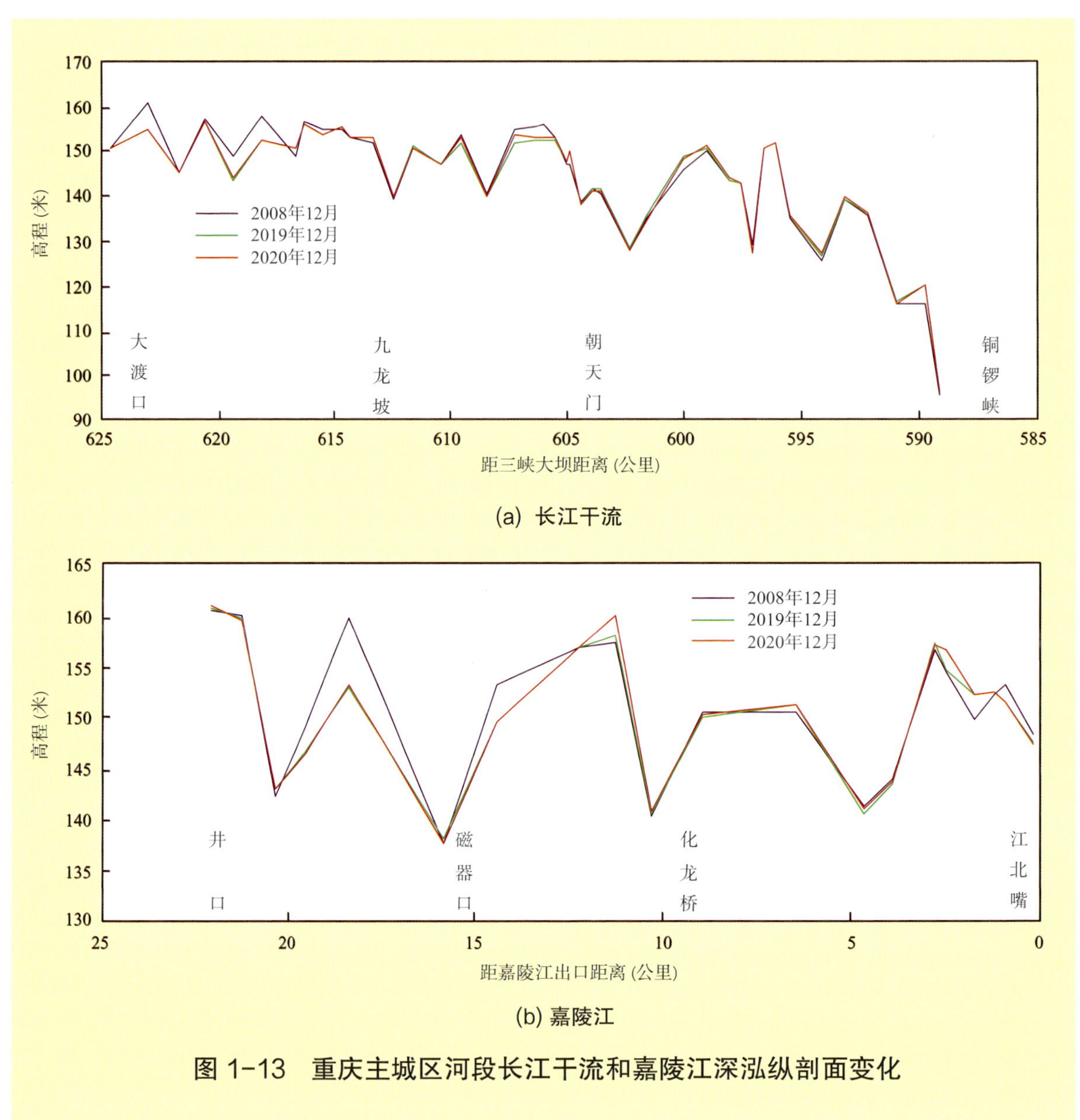

图 1-13　重庆主城区河段长江干流和嘉陵江深泓纵剖面变化

（二）荆江河段

1. 河段概况

荆江河段上起湖北省枝城、下讫湖南省城陵矶，流经湖北省的枝江、松滋、荆州、公安、沙市、江陵、石首、监利和湖南省的华容、岳阳等县（区、市），全长 347.2 公里。其间以藕池口为界，分为上荆江和下荆江。上荆江长约 171.7 公里，为微弯分汊河型；下荆江长约 175.5 公里，为典型蜿蜒性河道。荆江河段河势见图 1-14。

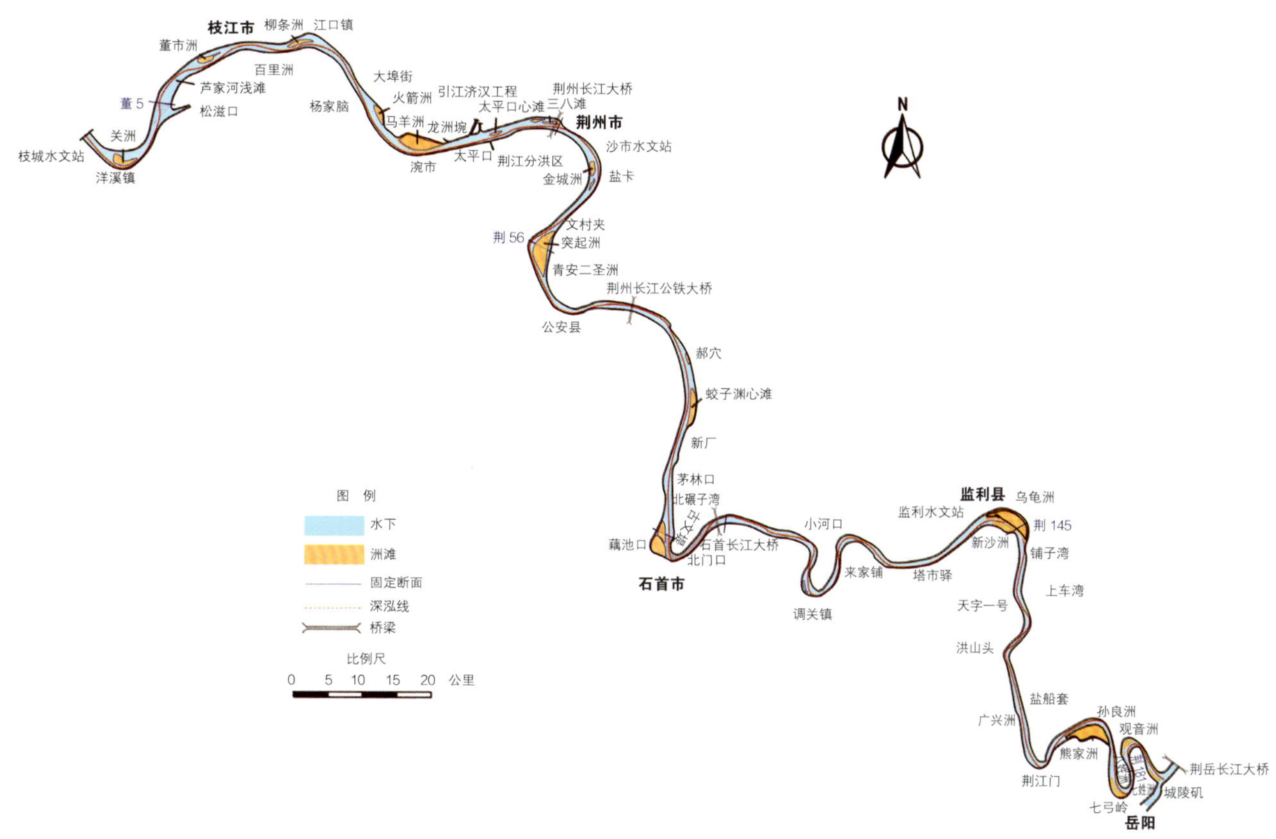

图 1-14 荆江河段河势示意图

2. 冲淤变化

2002 年 10 月至 2020 年 10 月，荆江河段持续冲刷，平滩河槽累积冲刷量为 122948 万立方米，其中上荆江和下荆江河段平滩河槽冲刷量分别为 72722 万立方米和 50226 万立方米。2019 年 10 月至 2020 年 10 月，荆江河段平滩河槽冲刷量为 3782 万立方米，上荆江和下荆江河段平滩河槽冲刷量分别为 3127 万立方米和 655 万立方米，冲刷主要集中在枯水河槽，受 2020 年洪水影响，基本河槽和平滩河槽之间河床也有所淤积。荆江河段冲淤变化具体见表 1-8 和图 1-15。

三峡水库蓄水运用以来，荆江河段河势基本稳定，由于受上游水库拦沙、航道整治等人类活动影响，荆江河段来沙量大幅减少，河道发生了较大幅度的沿程冲刷，同时局部河段主流及河势变化较大，崩岸时有发生，江心洲及边滩崩退缩窄。近年来荆江河段河床冲刷强度总体呈下降趋势，冲刷主要发生在枯水河槽内。

表 1-8　荆江河段冲淤量　　单位：万立方米

河段	时段	冲淤量		
		枯水河槽	基本河槽	平滩河槽
上荆江	2002 年 10 月至 2018 年 10 月	−63841	−65381	−67919
	2018 年 10 月至 2019 年 10 月	−1530	−1589	−1676
	2019 年 10 月至 2020 年 10 月	−3642	−3476	−3127
	2002 年 10 月至 2020 年 10 月	−69013	−70446	−72722
下荆江	2002 年 10 月至 2018 年 10 月	−38634	−41512	−45896
	2018 年 10 月至 2019 年 10 月	−3682	−3720	−3675
	2019 年 10 月至 2020 年 10 月	−495	−660	−655
	2002 年 10 月至 2020 年 10 月	−42811	−45892	−50226
荆江河段	2002 年 10 月至 2018 年 10 月	−102475	−106893	−113815
	2018 年 10 月至 2019 年 10 月	−5212	−5309	−5351
	2019 年 10 月至 2020 年 10 月	−4137	−4136	−3782
	2002 年 10 月至 2020 年 10 月	−111824	−116338	−122948

注　1. “+”表示淤积，“−”表示冲刷。
2. 枯水河槽、基本河槽和平滩河槽分别指宜昌站流量 5000 立方米 / 秒、10000 立方米 / 秒和 30000 立方米 / 秒对应水面线下的河床。

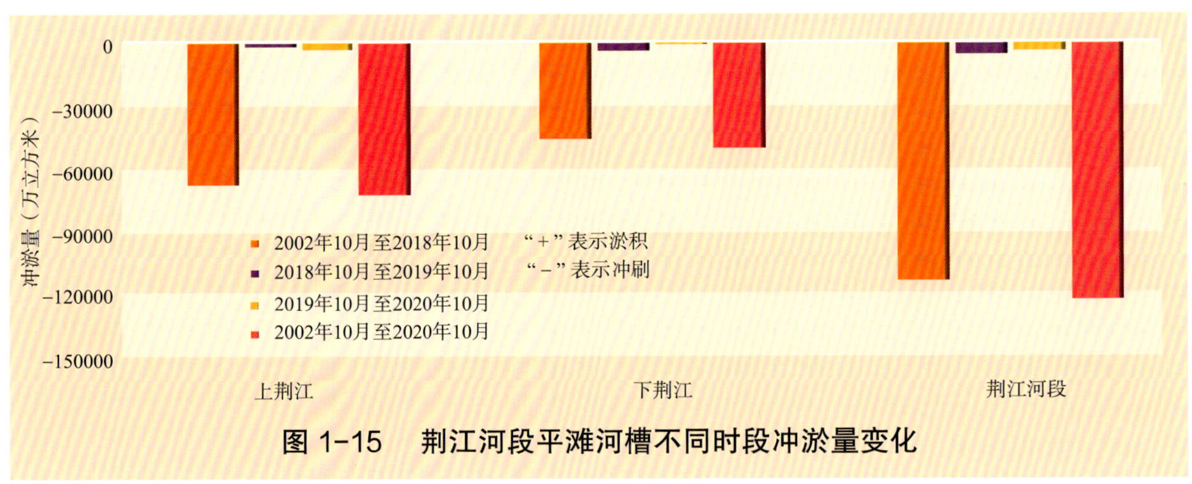

图 1-15　荆江河段平滩河槽不同时段冲淤量变化

3. 典型断面冲淤变化

荆江河段断面形态多为不规则的 U 形、W 形或偏 V 形，三峡水库蓄水运用以来，河床变形以主河槽冲刷下切为主；顺直段断面变化小，分汊及弯道段断面变化较大，如三八滩、金城洲、石首弯道、乌龟洲等河段滩槽交替冲淤变化较大。上荆江滩槽冲淤变化频繁，洲滩冲刷萎缩，如董 5 断面；但受护岸工程影响，两岸岸坡变化较小，如荆 56 断面。下荆江河槽冲淤变化较大，如荆 145 断面和荆 181 断面。典型断面冲淤变化见图 1-16。

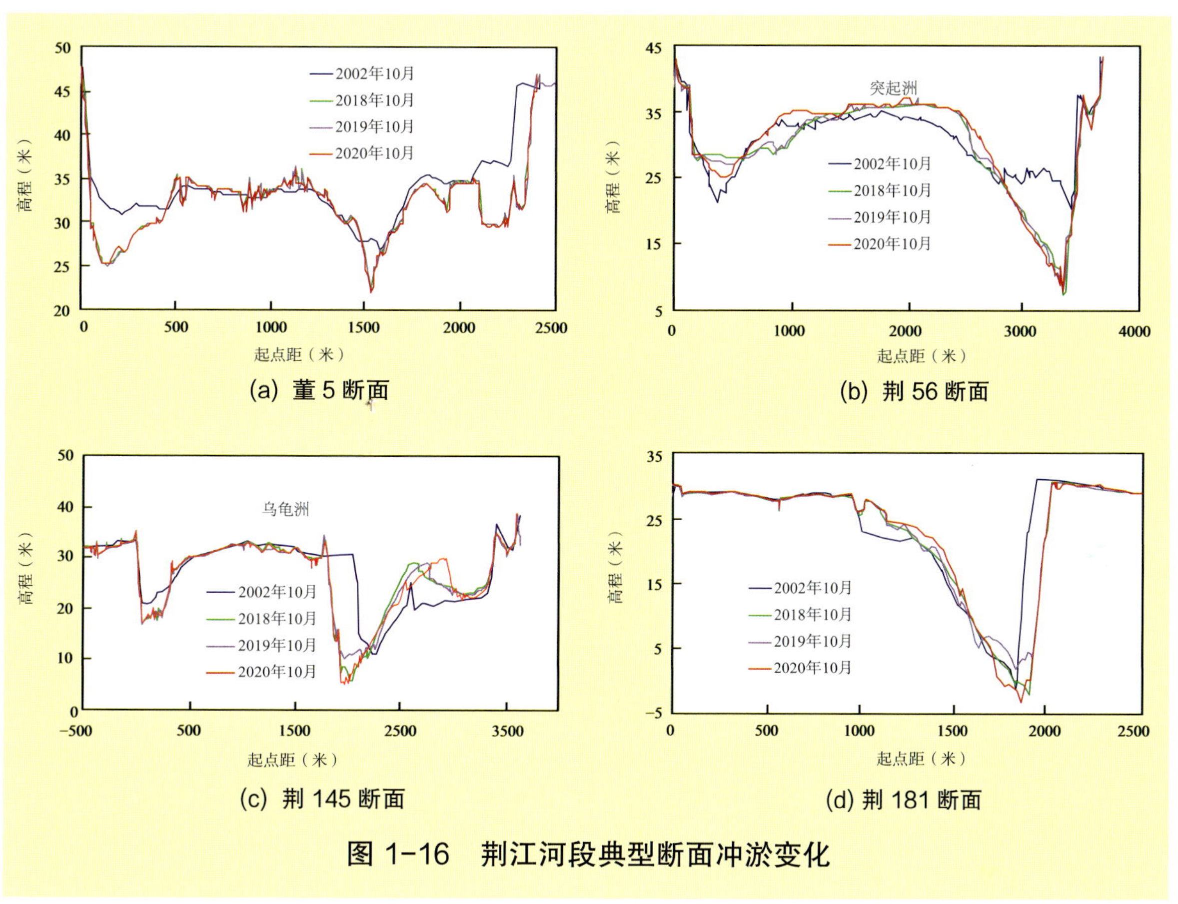

(a) 董 5 断面
(b) 荆 56 断面
(c) 荆 145 断面
(d) 荆 181 断面

图 1-16 荆江河段典型断面冲淤变化

4. 河道深泓纵剖面冲淤变化

三峡水库蓄水运用以来，荆江河段深泓纵剖面冲淤交替（图 1-17）。2002 年 10 月至 2020 年 10 月期间，荆江河段深泓以冲刷为主，平均冲刷深度为 2.97 米，最大冲刷深度为 20.1 米，位于调关河段的荆 120 断面（距葛洲坝距离 264.7 公里）。

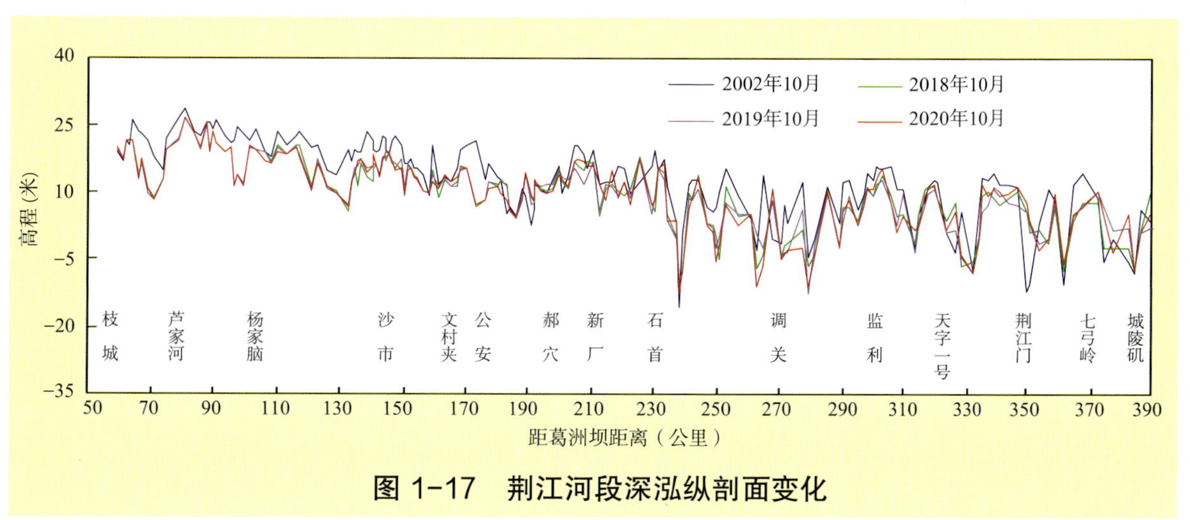

图 1-17 荆江河段深泓纵剖面变化

四、重要水库和湖泊冲淤变化

（一）三峡水库

1. 进出库水沙量

2020 年 1 月 1 日三峡水库坝前水位由 174.10 米开始逐步消落，至 6 月 8 日水位消落至 144.93 米，比原计划提前 2 天消落至汛限水位，随后三峡水库转入汛期运行，9 月 10 日起三峡水库进行 175 米试验性蓄水（坝前水位为 154.83 米），至 10 月 28 日 14 时水库坝前水位达到 175 米。2020 年三峡水库入库径流量和输沙量（朱沱站、北碚站和武隆站三站之和）分别为 4733 亿立方米和 1.94 亿吨，与 2003—2019 年的平均值相比，年径流量和年输沙量分别偏大 29% 和 30%。

三峡水库出库控制站黄陵庙水文站 2020 年径流量和输沙量分别为 5395 亿立方米和 0.497 亿吨。宜昌站 2020 年径流量和输沙量分别为 5442 亿立方米和 0.468 亿吨，与 2003—2019 年的平均值相比，年径流量和年输沙量分别偏大 32% 和 37%。

2. 水库淤积量

在不考虑区间来沙的情况下，库区泥沙淤积量为三峡水库入库与出库沙量之差。2020 年三峡水库库区泥沙淤积量为 1.44 亿吨，水库排沙比为 26%。2020 年三峡水库泥沙淤积量年内变化见图 1-18。

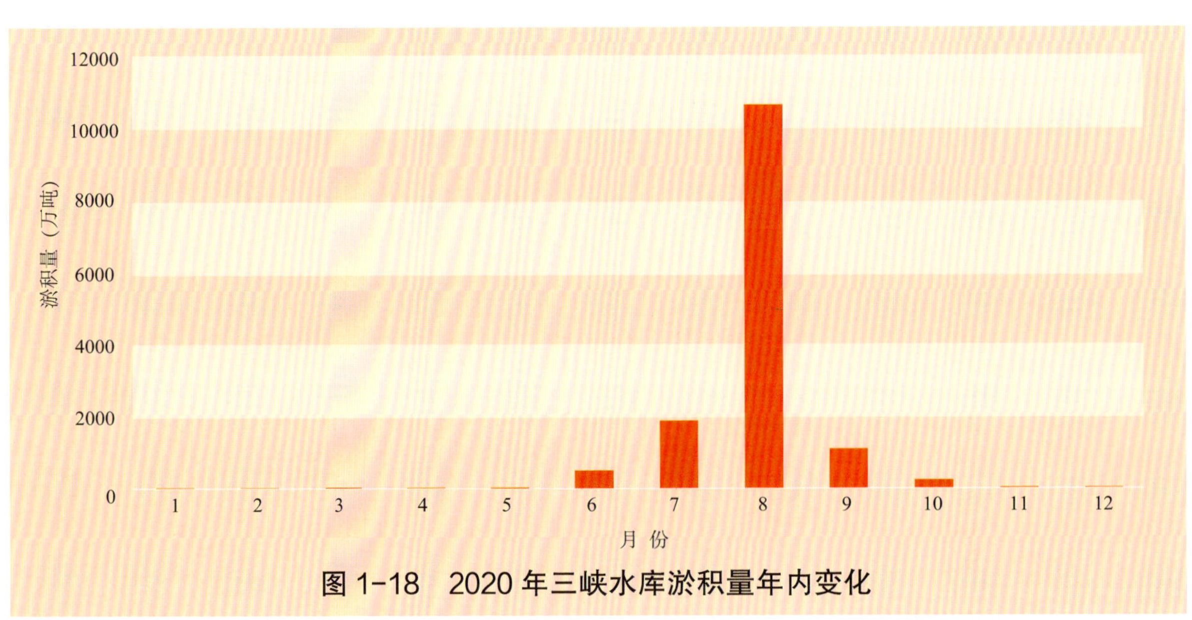

图 1-18　2020 年三峡水库淤积量年内变化

三峡水库 2003 年 6 月蓄水运用以来至 2020 年 12 月，入库悬移质泥沙量为 26.0 亿吨，出库（黄陵庙站）悬移质泥沙量为 6.21 亿吨，不考虑三峡水库库区区间来沙，水库淤积泥沙 19.8 亿吨，水库排沙比为 24%。

3. 水库典型断面冲淤变化

三峡水库蓄水运用以来，受上游来水来沙、河道采砂和水库调度等影响，变动回水区总体冲刷，泥沙淤积主要集中在涪陵以下的常年回水区，水库 175 米和 145 米高程以下河床内泥沙淤积量分别占干流总淤积量的 98% 和 90%。三峡水库泥沙淤积以主槽淤积为主，沿程则以宽谷河段淤积为主，占总淤积量的 94%，如 S113、S207 等断面；窄深河段淤积相对较少或略有冲刷，如位于瞿塘峡的 S109 断面；深泓最大淤高 68.8 米 (S34 断面)。三峡水库典型断面冲淤变化见图 1-19。

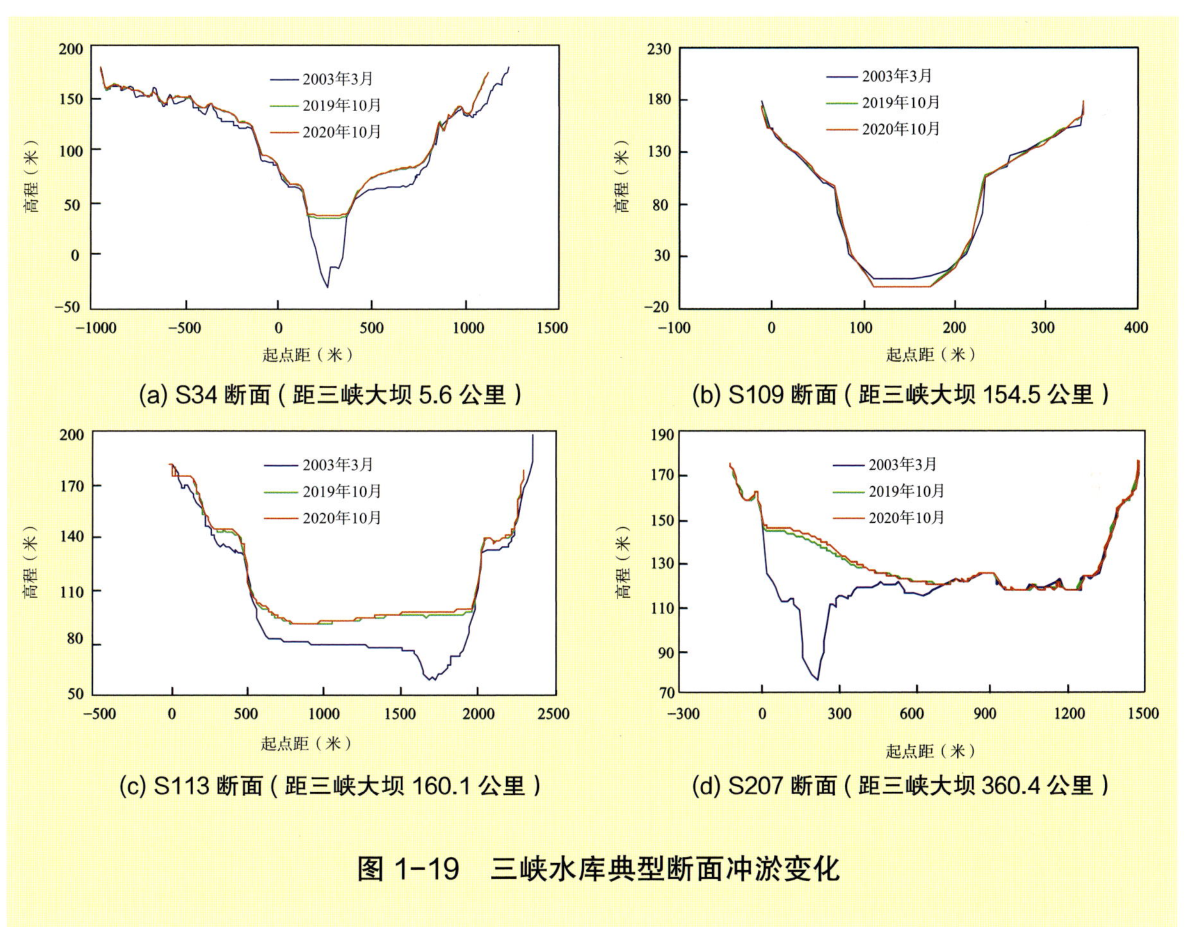

(a) S34 断面 (距三峡大坝 5.6 公里)

(b) S109 断面 (距三峡大坝 154.5 公里)

(c) S113 断面 (距三峡大坝 160.1 公里)

(d) S207 断面 (距三峡大坝 360.4 公里)

图 1-19　三峡水库典型断面冲淤变化

（二）丹江口水库

丹江口水利枢纽位于汉江中游、丹江入江口下游 0.8 公里处。丹江口水库自 1968 年开始蓄水，1973 年建成初期规模，坝顶高程 162 米（吴淞高程），2014 年丹江口大坝坝顶高程加高至 176.6 米，正常蓄水位 170 米。

1. 进出库水沙量

2020 年丹江口水库入库径流量和输沙量（干流白河站、天河贾家坊站、堵河黄龙滩站、丹江西峡站和荆紫关站五站之和）分别为 324.6 亿立方米和 140 万吨，较 2019 年度分别减小 6% 和 72%。

2020 年丹江口水库出库径流量和输沙量（丹江口大坝、中线调水的渠首陶岔闸和清泉沟闸三个出库口水沙量之和）分别为 369.1 亿立方米和 0.665 万吨，其中大坝出库控制站黄家港站年径流量和年输沙量分别为 271.6 亿立方米和 0.665 万吨，陶岔闸和清泉沟闸引沙量近似为 0。与上年度比较，2020 年出库径流量和输沙量分别增大 30% 和减小 38%。

2. 水库淤积量

在不考虑区间来沙量的情况下，2020 年丹江口水库库区泥沙淤积量为 139.3 万吨，水库排沙比为 0.5%。

（三）洞庭湖

1. 进出湖水沙量

2020 年洞庭湖入湖主要控制站总径流量和总输沙量分别为 2816 亿立方米和 2310 万吨，其中：荆江三口年径流量和年输沙量分别为 817 亿立方米和 1540 万吨，洞庭湖区湘江、资水、沅江和澧水（简称“四水”）控制站年径流量和年输沙量分别为 1999 亿立方米和 773 万吨。与 1956—2020 年多年平均值比较，2020 年洞庭湖入湖总径流量和总输沙量分别偏大 14% 和偏小 79%；与近 10 年平均值比较，2020 年入湖总径流量和总输沙量分别偏大 26% 和偏小 75%。

2020 年由城陵矶站汇入长江的径流量和输沙量分别为 3404 亿立方米和 1100 万吨，与 1951—2020 年多年平均值相比，分别偏大 20% 和偏小 70%；与近 10 年平均值相比，出湖年径流量和年输沙量分别偏大 30% 和偏小 41%。

2. 湖区淤积量

在不考虑湖区其他进出输沙量及河道采砂的情况下，湖区泥沙淤积量为洞庭湖入湖与出湖输沙量之差。2020 年洞庭湖湖区泥沙淤积量为 1210 万吨，湖区淤积比为 52%。

（四）鄱阳湖

1. 进出湖水沙量

鄱阳湖入湖径流量和输沙量分别由五河七口水文站（赣江外洲，抚河李家渡，信江梅港，饶河虎山、渡峰坑，修水万家埠、虬津）和五河六口水文站（赣江外洲，抚河李家渡，信江梅港，饶河虎山、渡峰坑，修水万家埠）控制，2020 年鄱阳湖入湖总径流量和总输沙量分别为 1226 亿立方米和 723 万吨；与 1956—2020 年多年平均值比较，2020 年入湖总径流量基本持平，年总输沙量偏小 42%；与近 10 年平均值比较，2020 年入湖总径流量和总输沙量分别偏小 7% 和偏大 7%。

2020 年由湖口站汇入长江的出湖径流量和输沙量分别为 1547 亿立方米和 341 万吨，与 1950—2020 年多年平均值比较，2020 年出湖径流量基本持平，出湖年输沙量偏小 66%；与近 10 年平均值比较，2020 年出湖径流量基本持平，出湖年输沙量偏小 60%。

2. 湖区淤积量

在不考虑湖区其他进出输沙量及采砂的情况下，鄱阳湖湖区泥沙淤积量为入湖与出湖输沙量之差。2020 年鄱阳湖湖区泥沙淤积量为 382 万吨，湖区淤积比为 53%。

五、重要泥沙事件

（一）2020 年长江发生了流域性大洪水

2020 年 7—8 月，长江干流先后发生 5 次编号洪水，成为新中国成立以来仅次于 1954 年、1998 年的流域性大洪水。其中，长江上游发生特大洪水，特别是嘉陵江和岷江流域 8 月 11—17 日出现大范围暴雨至大暴雨的集中性强降雨过程，岷江中下游、沱江和涪江上中游雨量超过 300 毫米、局部地区超过 500 毫米，长江上游支流岷江发生超历史洪水，沱江、涪江和嘉陵江发生超保证洪水；干流朱沱至寸滩河段发生超保证洪水，寸滩站洪峰水位超保证水位 8.12 米；沱江、涪江和嘉陵江等支流及上游干流来水均居历史前列，三峡水库出现建库以来最大入库流量。长江中下游莲花塘至大通河段洪峰水位为有实测记录以来的第 2～5 位，马鞍山至镇江河段水位超历史纪录，鄱阳湖发生流域性超历史大洪水。

长江干流河道洪水期输沙量明显增加，发生了较为严重的崩岸险情。三峡水库对洪水进行调蓄削峰，洞庭湖和鄱阳湖（两湖）及中下游多个地区启用洲滩民垸、蓄滞洪区进行分洪，有效降低了洪水带来的损失。

1. 长江干流大洪水期间输沙量大幅度增加

在 2020 年洪水期，长江干流、主要支流、两湖地区伴随洪水过程出现了较大的沙峰过程。长江干流向家坝、朱沱、寸滩、宜昌、沙市、汉口和大通各站 7 月输沙量分别占全年的 16%、17%、15%、17%、21%、18% 和 27%，8 月输沙量分别占全年的 32%、61%、70%、71%、57%、28% 和 22%；支流乌江武隆站 7 月输沙量占全年的 57%，支流岷江高场站和嘉陵江北碚站 8 月输沙量分别占全年的 77% 和 90%；洞庭湖区桃江、桃源和石门各站 7 月输沙量分别占全年的 84%、47% 和 73%，鄱阳湖区虎山、渡峰坑、万家埠、梅港、李家渡和外洲各站 7 月输沙量分别占全年的 83%、87%、79%、 63%、53 % 和 28%。

2. 长江干流及主要支流河道崩岸严重

2019 年 12 月至 2020 年 12 月，长江干流及主要支流共发生河道崩岸 114 处，崩岸长度为 66154 米，其中长江中下游干流 44 处，长度为 20087 米；主要支流 70 处，长度为 46067 米。崩岸分布见表 1-9。

表 1-9 长江干流及主要支流崩岸情况统计表

按地区分布				按河段分布								
省份	河流	数量	长度（米）	河段	数量	长度（米）	河段	数量	长度（米）	河段	数量	长度（米）
湖北	干流	31	16132	宜枝	3	578	韦源口	2	1750	贵池	2	940
湖北	支流	33	7525	上荆江	7	2055	田家镇	1	600	铜陵	2	280
湖南	干流	1	125	下荆江	5	2934	龙坪	2	1150	芜裕	1	200
安徽	干流	9	3420	岳阳	2	1200	九江	1	400	马鞍山	1	900
江苏	干流	3	410	陆溪口	3	1800	马垱	1	550	镇扬	1	110
四川	支流	37	38542	嘉鱼	1	200	安庆	1	200	扬中	2	300
				鄂黄	5	3590	太子矶	1	350			

2020 年长江较为严重的崩岸险情有湖北省石首市北门口崩岸、洪湖市中小沙角崩岸及湖南省岳阳市荆江门崩岸。其中，石首市北门口崩岸于 2020 年 9 月 4 日 16 时许发生在荆南长江干堤北门口段桩号 S9+280～S9+410 堤段，崩岸长度为 130 米，最大崩岸宽度为 35 米，崩进坎肩内 8 米；崩坎距胜利垸堤脚 420～480 米，距荆南长江干堤约 2000 米 [见图 1-20(a)]。洪湖市中小沙角崩岸于 2020 年 12 月上旬发生在洪湖市长江干堤中小沙角段桩号 490+100～491+000 堤段，崩岸长度约 900 米，最大崩岸宽度约 60 米，距洪湖长江干堤堤脚约 700 米 [见图 1-20(b)]。岳阳市荆江门崩岸于 2020 年 9 月 3 日发生在湖南省岳阳市岳阳长江干堤荆江门段桩号 4+060～4+185 堤段，崩岸长度为 125 米，最大崩岸宽度为 43 米，距岳阳长江干堤堤脚约 380 米 [见图 1-20(c)]。

（a）石首市北门口

（b）洪湖市中小沙角

（c）岳阳市荆江门

图 1-20　长江中游河道典型崩岸

（二）乌东德水电站蓄水运用

乌东德水电站工程位于云南省禄劝县和四川省会东县交界处，属于长江上游金沙江下游河段，其主体工程于 2015 年正式开工，2017 年 12 月完成导流洞建设。2019 年汛前，由大坝坝体临时挡水度汛，2019 年 10 月 2 日开启导流洞下闸工作。2020 年 1 月中、下旬，乌东德水库进行初期蓄水第一阶段，坝前水位（56 黄海高程，下同）从 833.4 米蓄至 895 米，由导流隧洞泄流，坝前水位总涨幅近 60 米，坝下水位最大降幅约 6 米。2020 年 4—6 月初，进行初期蓄水第二阶段，坝前水位从 895 米蓄至 945 米，由泄洪中孔控制下泄水流。2020 年 8 月 4—23 日，进行初期蓄水第三阶段，坝前水位从 945 米蓄至 965 米，由泄洪中孔、表孔、泄洪洞控制下泄水流。乌东德水电站初期蓄水计划顺利完成，在 2020 年 8 月大洪水期间按调度进行拦洪蓄水，有效发挥了防洪作用。乌东德水电站工程蓄水运用后，将会拦截上游河道来沙，导致水库发生泥沙淤积，改变进入下游河道的水沙过程。

黄河开封标准化堤防（于澜　摄）

第二章　黄河

一、概述

2020 年黄河流域新增干流小浪底水文站、汾河河津水文站、伊洛河黑石关水文站和沁河武陟水文站。

2020 年黄河干流主要水文控制站实测径流量与多年均值比较，各站偏大 25% ~ 71%；与近 10 年平均值比较，各站偏大 41% ~ 69%；与上年度比较，唐乃亥、头道拐、龙门和小浪底各站基本持平，其他站增大 6% ~ 15%。2020 年实测输沙量与多年均值比较，唐乃亥站和头道拐站分别偏大 56% 和 43%，其他站偏小 44% ~ 75%；与近 10 年平均值比较，小浪底站基本持平，兰州站偏小 36%，其他站偏大 34% ~ 147%；与上年度比较，兰州站减小 28%，头道拐站和花园口站基本持平，其他站增大 9% ~ 97%。

2020 年黄河主要支流水文控制站实测径流量与多年平均值比较，洮河红旗、泾河张家山和渭河华县各站偏大 14% ~ 51%，其他站偏小 8%~94%；与近 10 年平均值比较，北洛河洑头站基本持平，红旗、延河甘谷驿、华县和汾河河津各站偏大 13% ~ 50%，其他各站偏小 8% ~ 77%；与上年度比较，皇甫川皇甫站和窟野河温家川站分别减少 57% 和 38%，无定河白家川站基本持平，其他站增大 13% ~ 83%。2020 年黄河主要支流水文控制站实测输沙量与多年均值比较，各站偏小 78% ~ 100%；与近 10 年平均值比较，洑头站和华县站分别偏大 23% 和 8%，其他站偏小 11% ~ 100%；与上年度比较，伊洛河黑石关站和沁河武陟站 2020 年输沙量为 0，皇甫、温家川、白家川和张家山各站减少 7% ~ 95%，其他站增大 9% ~ 466%。

近 5 年黄河干流主要水文控制站平均实测水沙特征值与多年平均值比较，唐乃亥、兰州、头道拐和龙门各站年平均径流量分别偏大 7% ~ 22%，艾山站和利津站分别偏小 12% 和 18%，其他站基本持平；唐乃亥站年平均输沙量偏大 14%，其他站偏小 15% ~ 78%。近 10 年水沙特征值与多年平均值比较，唐乃亥站和兰州站年平均径流量分别偏大 12% 和 11%，头道拐站基本持平，其他站偏小 6% ~ 26%；唐乃亥站年平均输沙量基本持平，其他站偏小 34% ~ 83%。

2019 年 10 月至 2020 年 10 月，内蒙古河段石嘴山、巴彦高勒和头道拐各站断面表现为淤积，三湖河口站断面表现为冲刷；黄河下游河道冲刷量为 0.465 亿立方米，引水量为 121.1 亿立方米，引沙量为 3300 万吨。2019 年 10 月至 2020 年 10 月，三门峡水库库区总淤积量为 0.271 亿立方米；小浪底水库库区总冲刷量为 0.645 亿立方米。

2020 年重要泥沙事件包括：小浪底水库汛期排沙效果显著；2002 年黄河调水调沙以来下游平滩流量不断增加。

二、径流量与输沙量

（一）新增水文站径流量与输沙量历年变化

2020 年黄河流域新增水文站包括干流小浪底水文站、汾河河津水文站、伊洛河黑石关水文站和沁河武陟水文站。小浪底站为黄河干流小浪底水利枢纽下游的水文控制站，位于河南省济源市，控制流域面积为 69.42 万平方公里；河津站为黄河支流汾河上的水文控制站，位于山西省河津市，控制流域面积为 3.87 万平方公里；黑石关站为黄河支流伊洛河上的水文控制站，位于河南省巩义市，控制流域面积为 1.86 万平方公里；武陟站为黄河支流沁河上的水文控制站，位于河南省武陟县，控制流域面积为 1.29 万平方公里。小浪底、河津、黑石关和武陟各站实测水沙特征值及历年径流量与输沙量变化分别见表 2-1 和图 2-1。

表 2-1　黄河流域新增水文站实测水沙特征值

河流		干流	汾河	伊洛河	沁河
水文控制站		小浪底	河津	黑石关	武陟
控制流域面积（万平方公里）		69.42	3.87	1.86	1.29
年径流量（亿立方米）	多年平均	338.6（1952—2020 年）	9.691（1950—2020 年）	24.95（1950—2020 年）	7.670（1950—2020 年）
	最大值	716.5（1964 年）	33.60（1964 年）	95.41（1964 年）	30.97（1956 年）
	最小值	135.1（1997 年）	1.506（2000 年）	0	0
年输沙量（亿吨）	多年平均	8.44（1952—2020 年）	0.186（1950—2020 年）	0.101（1950—2020 年）	0.041（1950—2020 年）
	最大值	29.8（1958 年）	1.76（1954 年）	1.04（1958 年）	0.313（1954 年）
	最小值	0	0	0	0
年平均含沙量（千克/立方米）	多年平均	24.9（1952—2020 年）	19.1（1950—2020 年）	4.05（1950—2020 年）	5.33（1950—2020 年）
	最大值	61.0（1959 年）	57.4（1958 年）	14.1（1958 年）	11.3（1954 年）
	最小值	0	0	0	0
年平均中数粒径（毫米）	多年平均	0.018（1961—2020 年）	0.016（1956—2020 年）	0.009（1956—2020 年）	
	最大值	0.032（1997 年）	0.093（2000 年）	0.019（1965 年）	
	最小值	0	0	0	
输沙模数[吨/(年·平方公里)]	多年平均	1220（1952—2020 年）	479（1950—2020 年）	544（1950—2020 年）	317（1950—2020 年）
	最大值	4290（1958 年）	4550（1954 年）	5590（1958 年）	2430（1954 年）
	最小值	0	0	0	0

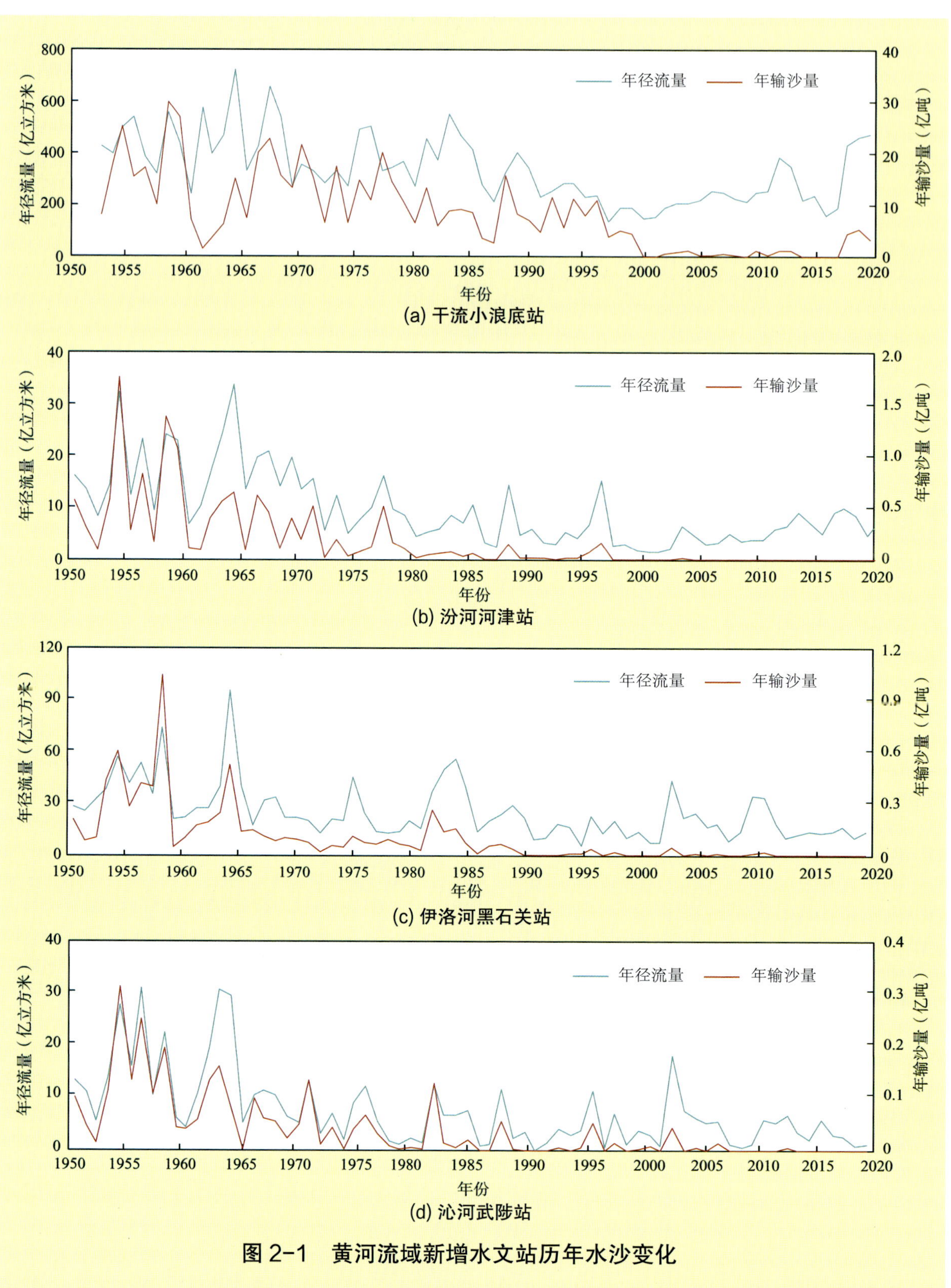

图 2-1　黄河流域新增水文站历年水沙变化

（二）2020 年实测水沙特征值

1. 黄河干流

2020 年黄河干流主要水文控制站实测水沙特征值与多年平均值、近 10 年平均值及 2019 年值的比较见表 2-2 和图 2-2。

表 2-2 黄河干流主要水文控制站实测水沙特征值对比表

水文控制站		唐乃亥	兰 州	头道拐	龙 门	潼 关	小浪底	花园口	高 村	艾 山	利 津
控制流域面积（万平方公里）		12.20	22.26	36.79	49.76	68.22	69.42	73.00	73.41	74.91	75.19
年径流量（亿立方米）	多年平均	204.0（1950—2020 年）	314.4（1950—2020 年）	216.6（1950—2020 年）	258.7（1950—2020 年）	335.3（1952—2020 年）	338.6（1952—2020 年）	369.8（1950—2020 年）	330.6（1952—2020 年）	327.8（1952—2020 年）	288.6（1952—2020 年）
	近 5 年平均	249.2	382.9	257.7	276.8	332.5	343.2	353.0	318.1	288.3	235.4
	近 10 年平均	228.4	348.5	226.5	244.3	301.0	315.9	324.6	295.9	268.5	212.9
	2019 年	310.3	477.3	353.0	380.0	415.6	459.2	457.6	407.8	369.5	312.2
	2020 年	321.6	504.5	369.8	376.7	469.6	473.2	487.1	450.8	419.9	359.6
年输沙量（亿吨）	多年平均	0.120（1956—2020 年）	0.610（1950—2020 年）	0.987（1950—2020 年）	6.33（1950—2020 年）	9.21（1952—2020 年）	8.44（1952—2020 年）	7.92（1950—2020 年）	7.10（1952—2020 年）	6.86（1952—2020 年）	6.38（1952—2020 年）
	近 5 年平均	0.137	0.313	0.839	1.75	2.04	2.67	2.02	2.16	2.09	1.80
	近 10 年平均	0.115	0.239	0.654	1.38	1.79	3.33	1.37	1.63	1.66	1.41
	2019 年	0.172	0.210	1.44	1.25	1.68	5.45	3.28	3.30	3.17	2.71
	2020 年	0.188	0.152	1.41	2.01	2.40	3.28	3.24	4.01	3.72	3.14
年平均含沙量（千克/立方米）	多年平均	0.589（1956—2020 年）	1.94（1950—2020 年）	4.55（1950—2020 年）	24.5（1950—2020 年）	27.5（1952—2020 年）	24.9（1952—2020 年）	21.4（1950—2020 年）	21.5（1952—2020 年）	20.9（1952—2020 年）	22.1（1952—2020 年）
	2019 年	0.554	0.440	4.08	3.29	4.04	11.9	7.17	8.09	8.58	8.68
	2020 年	0.585	0.301	3.81	5.34	5.11	6.93	6.65	8.90	8.86	8.73
年平均中数粒径（毫米）	多年平均	0.016（1984—2020 年）	0.015（1957—2020 年）	0.017（1958—2020 年）	0.026（1956—2020 年）	0.021（1961—2020 年）	0.018（1961—2020 年）	0.019（1961—2020 年）	0.021（1954—2020 年）	0.022（1962—2020 年）	0.019（1962—2020 年）
	2019 年	0.010	0.012	0.027	0.021	0.019	0.024	0.025	0.022	0.022	0.021
	2020 年	0.011	0.012	0.030	0.021	0.016	0.031	0.022	0.029	0.025	0.021
输沙模数[吨/(年·平方公里)]	多年平均	98.5（1956—2020 年）	274（1950—2020 年）	268（1950—2020 年）	1270（1950—2020 年）	1350（1952—2020 年）	1220（1952—2020 年）	1080（1950—2020 年）	968（1952—2020 年）	915（1952—2020 年）	848（1952—2020 年）
	2019 年	141	94.3	391	251	246	785	449	450	423	360
	2020 年	154	68.3	383	404	352	472	444	546	497	418

2020 年黄河干流主要水文控制站实测径流量与多年平均值比较，各站偏大 25%～71%，其中利津、艾山、兰州和头道拐各站分别偏大 25%、28%、60% 和 71%；与近

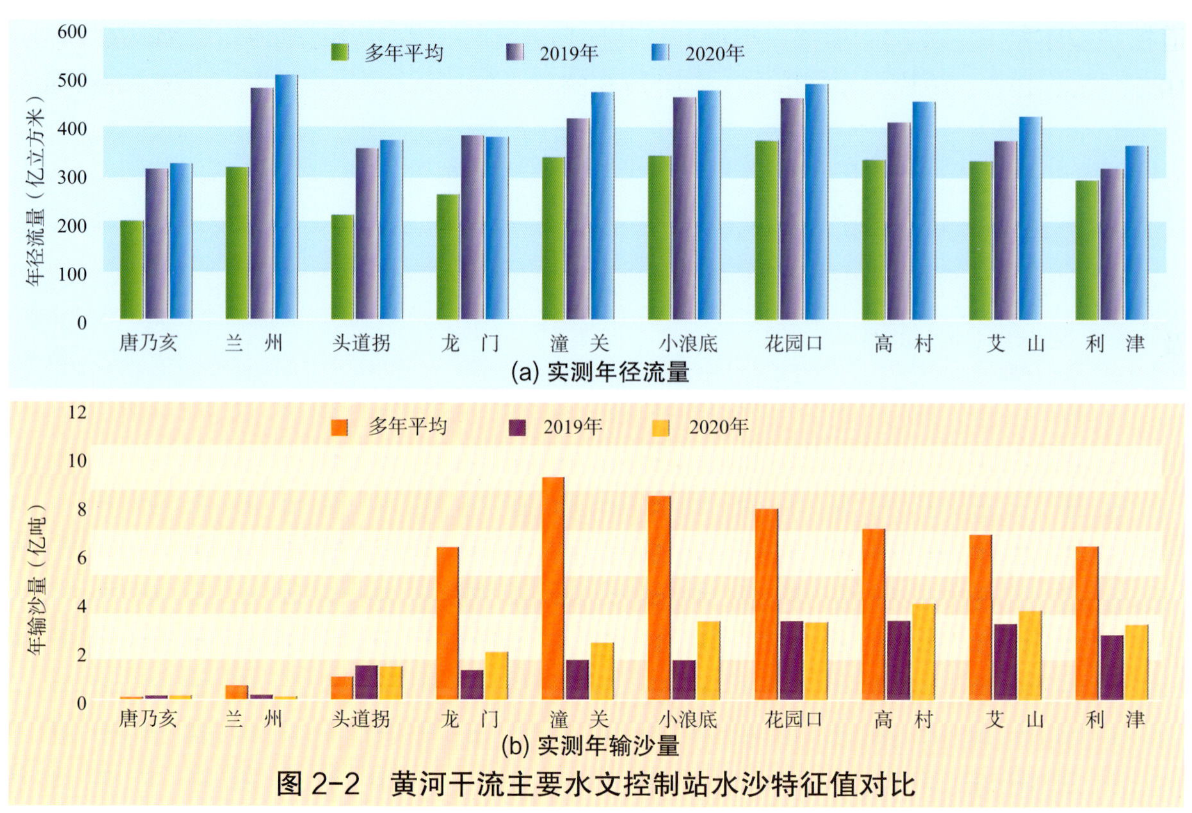

图 2-2 黄河干流主要水文控制站水沙特征值对比

10 年平均值比较，各站偏大 41%～69%，其中唐乃亥、兰州、头道拐和利津各站分别偏大 41%、45%、63% 和 69%；与上年度比较，唐乃亥、头道拐、龙门和小浪底各站基本持平，其他站增大 6%～15%，其中兰州、花园口、艾山和利津各站分别增加 6%、6%、14% 和 15%。

2020 年黄河干流主要水文控制站实测输沙量与多年平均值比较，唐乃亥站和头道拐站分别偏大 56% 和 43%，其他站偏小 44%～75%，其中高村、艾山、潼关和兰州各站分别偏小 44%、46%、74% 和 75%；与近 10 年平均值比较，小浪底站基本持平，兰州站偏小 36%，其他站偏大 34%～147%，其中潼关、龙门、花园口和高村各站分别偏大 34%、45%、137% 和 147%；与上年度比较，兰州站减少 28%，头道拐站和花园口站基本持平，其他站增大 9%～97%，其中唐乃亥、利津、龙门和小浪底各站分别增大 9%、16% 和 61% 和 97%。

近 5 年黄河干流主要水文控制站平均实测水沙特征值与多年平均值比较，唐乃亥、兰州、头道拐和龙门各站年平均径流量分别偏大 22%、22%、19% 和 7%，潼关、小浪底、花园口和高村各站基本持平，艾山站和利津站分别偏小 12% 和 18%；唐乃亥站年平均输沙量偏大 14%，兰州、头道拐、龙门、潼关、小浪底、花园口、高村、艾山和利津各站分别偏小 49%、15%、72%、78%、68%、75%、70%、69% 和 72%。近 10 年水沙特征值与多年平均值比较，唐乃亥站和兰州站年平均径流量分别偏大 12% 和 11%，头道拐站基本持平，龙门、潼关、小浪底、花园口、高村、艾山和利津各站分别偏小 6%、10%、7%、12%、10%、18% 和 26%；唐乃亥站年平均输沙量基本持平，兰州、头道拐、龙门、潼关、小浪底、花园口、高村、艾山和利津各站分别偏小 61%、34%、78%、81%、61%、83%、77%、76% 和 78%。

2. 黄河主要支流

2020 年黄河主要支流水文控制站实测水沙特征值与多年平均值、近 10 年平均值及 2019 年值的比较见表 2-3 和图 2-3。

表 2-3 黄河主要支流水文控制站实测水沙特征值对比表

河流		洮河	皇甫川	窟野河	无定河	延河	泾河	北洛河	渭河	汾河	伊洛河	沁河
水文控制站		红旗	皇甫	温家川	白家川	甘谷驿	张家山	洑头	华县	河津	黑石关	武陟
控制流域面积（万平方公里）		2.50	0.32	0.85	2.97	0.59	4.32	2.56	10.65	3.87	1.86	1.29
年径流量（亿立方米）	多年平均	45.41（1954—2020 年）	1.180（1954—2020 年）	5.098（1954—2020 年）	10.87（1956—2020 年）	1.971（1952—2020 年）	15.55（1950—2020 年）	7.678（1950—2020 年）	66.88（1950—2020 年）	9.691（1950—2020 年）	24.95（1950—2020 年）	7.670（1950—2020 年）
	近 10 年平均	45.93	0.2926	3.132	8.934	1.599	12.18	5.619	59.06	7.39	15.37	3.736
	2019 年	52.09	0.1557	3.424	7.995	1.298	15.74	4.654	66.86	4.614	9.878	0.9377
	2020 年	68.35	0.0675	2.131	8.259	1.814	17.77	5.677	88.50	8.438	13.82	1.299
年输沙量（亿吨）	多年平均	0.203（1954—2020 年）	0.360（1954—2020 年）	0.724（1954—2020 年）	0.947（1956—2020 年）	0.361（1952—2020 年）	1.98（1950—2020 年）	0.647（1956—2020 年）	2.85（1950—2020 年）	0.186（1950—2020 年）	0.101（1950—2020 年）	0.041（1950—2020 年）
	近 10 年平均	0.051	0.035	0.009	0.205	0.044	0.518	0.087	0.576	0.002	0.002	0.001
	2019 年	0.037	0.011	0.006	0.180	0.015	0.395	0.019	0.571	0.000	0	0
	2020 年	0.045	0.005	0.000	0.036	0.038	0.367	0.107	0.621	0.001	0	0
年平均含沙量（千克/立方米）	多年平均	4.48（1954—2020 年）	305（1954—2020 年）	142（1954—2020 年）	87.1（1956—2020 年）	183（1952—2020 年）	127（1950—2020 年）	84.3（1956—2020 年）	42.7（1950—2020 年）	19.1（1950—2020 年）	4.05（1950—2020 年）	5.33（1950—2020 年）
	2019 年	0.701	72.6	1.75	22.5	11.3	25.1	4.06	8.54	0.099	0	0
	2020 年	0.664	75.7	0.148	4.36	20.9	20.7	18.8	7.02	0.132	0	0
年平均中数粒径（毫米）	多年平均		0.039（1957—2020 年）	0.045（1958—2020 年）	0.030（1962—2020 年）	0.026（1963—2020 年）	0.024（1964—2020 年）	0.025（1963—2020 年）	0.017（1956—2020 年）	0.016（1956—2020 年）	0.009（1956—2020 年）	
	2019 年		0.018	0.014	0.024	0.015	0.019	0.005	0.016	0.011		
	2020 年		0.016	0.007	0.015	0.015	0.019	0.005	0.011	0.007		
输沙模数［吨/(年·平方公里)］	多年平均	815（1954—2020 年）	11300（1954—2020 年）	8500（1954—2020 年）	3190（1956—2020 年）	6130（1952—2020 年）	4580（1950—2020 年）	2520（1956—2020 年）	2680（1950—2020 年）	479（1950—2020 年）	544（1950—2020 年）	317（1950—2020 年）
	2019 年	146	353	70.6	606	249	914	73.8	536	1.18	0	0
	2020 年	182	160	3.72	121	642	850	418	583	2.87	0	0

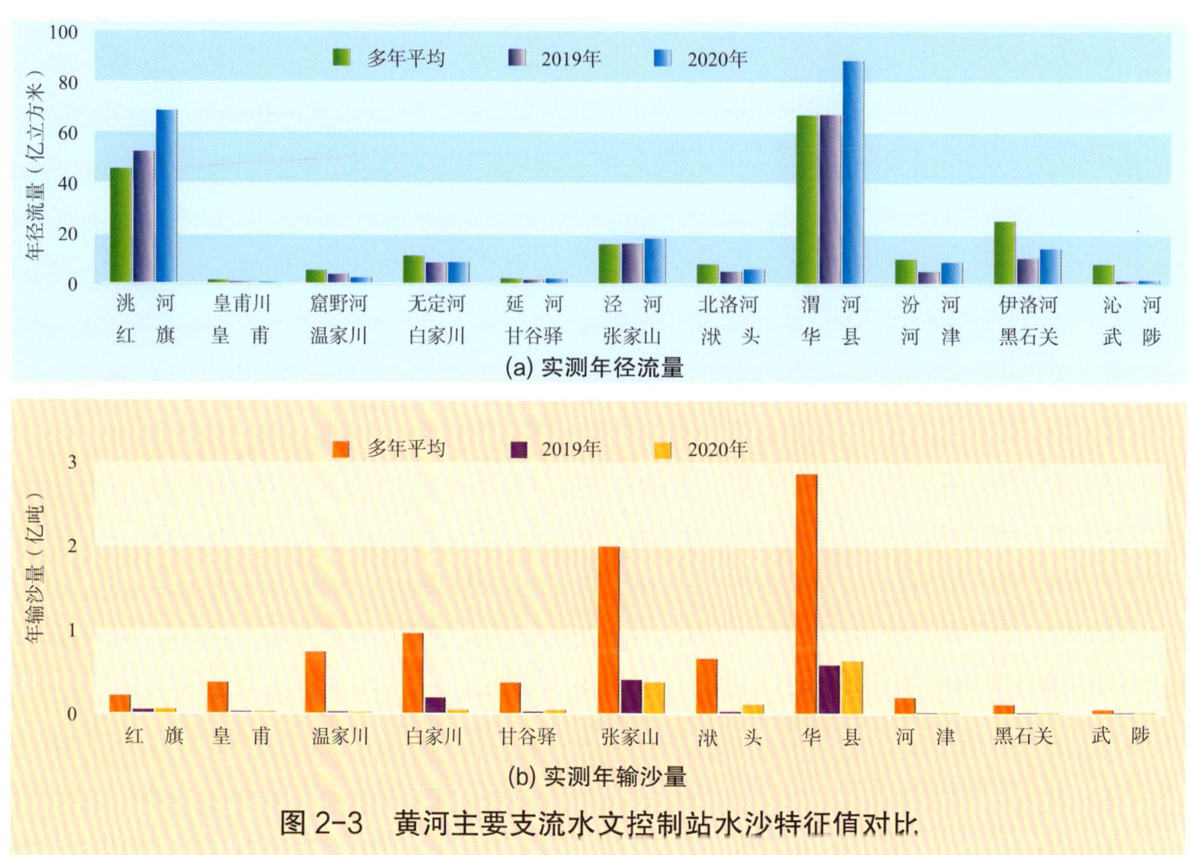

图 2-3　黄河主要支流水文控制站水沙特征值对比

2020 年黄河主要支流水文控制站实测径流量与多年平均值比较，洮河红旗、泾河张家山和渭河华县各站分别偏大 51%、14% 和 32%，其他站偏小 8%～94%，其中延河甘谷驿、汾河河津、沁河武陟和皇甫川皇甫各站分别偏小 8%、13%、83% 和 94%；与近 10 年平均值比较，北洛河洑头站基本持平，红旗、甘谷驿、华县和河津各站分别偏大 49%、13%、50% 和 14%，其他各站偏小 8%～77%，其中无定河白家川、伊洛河黑石关、窟野河温家川和皇甫各站分别偏小 8%、10%、32% 和 77%；与上年度比较，皇甫站和温家川站分别减小 57% 和 38%，白家川站基本持平，其他站增大 13%～83%，其中张家山、洑头、黑石关和河津各站分别增大 13%、22%、40% 和 83%。

2020 年黄河主要支流水文控制站实测输沙量与多年均值比较，各站偏小 78%～100%，其中红旗站和华县站均偏小 78%，温家川、黑石关和武陟各站均偏小近 100%；与近 10 年平均值比较，洑头站和华县站分别偏大 23% 和 8%，其他站偏小 11%～100%，其中红旗站和甘谷站分别偏小 11% 和 13%，黑石关站和武陟站均偏小近 100%；与上年度比较，皇甫、温家川、白家川和张家山各站分别减小 55%、95%、80% 和 7%，其他站增大 9%～466%，其中华县站和洑头站分别增大 9% 和 466%，黑石关站和武陟站 2020 年输沙量为 0。

（三）径流量与输沙量年内变化

2020 年黄河干流主要水文控制站逐月径流量与输沙量见图 2-4。2020 年黄河干流唐乃亥、头道拐、龙门、潼关、花园口和利津各站径流量和输沙量主要集中在 7—10 月，分别占全年的 55% ~ 68% 和 66% ~ 96%。

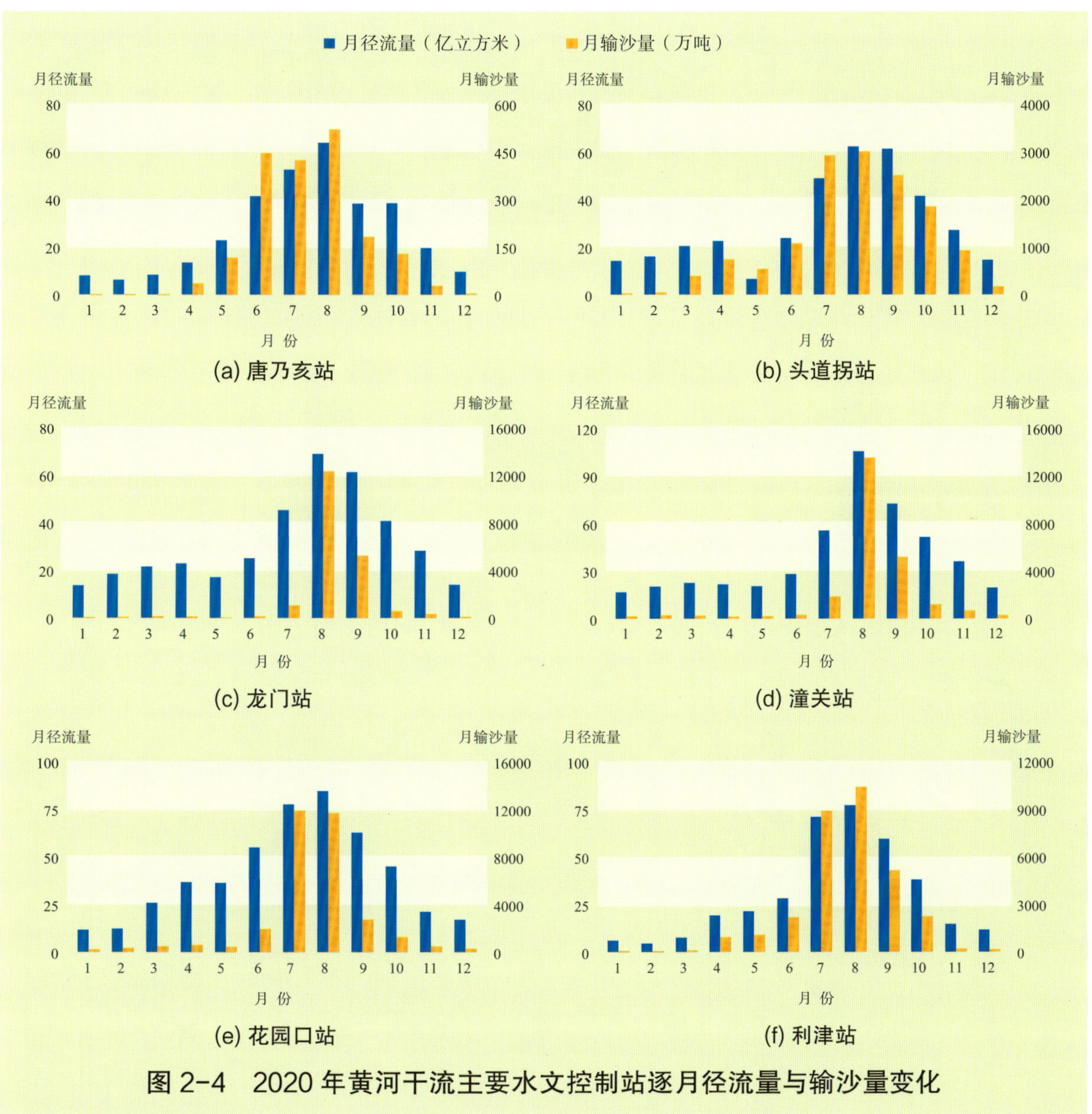

图 2-4　2020 年黄河干流主要水文控制站逐月径流量与输沙量变化

（四）洪水泥沙

2020 年汛期，黄河流域来水偏多，黄河干流共出现 6 次编号洪水，为 1993 年开始洪水编号以来次数最多的一年，且洪水持续时间长、次洪水量大，中游潼关站出现了 1998 年以来的最大流量。2020 年黄河流域洪水泥沙特征值见表 2-4。

表 2-4　2020 年黄河流域洪水泥沙特征值

河流	洪水编号	水文站	洪水起止时间（月.日）	洪水径流量（亿立方米）	洪水输沙量（万吨）	洪峰流量		最大含沙量	
						流量（立方米/秒）	发生时间（月.日 时:分）	含沙量（千克/立方米）	发生时间（月.日 时）
黄河	1	唐乃亥	6.10—7.9	48.64	531	2790	6.21 14:42	2.03	6.20 08
	2	兰　州	8.5—9.6	87.36	759	3390	7.21 08:54	0.994	7.20 08
	3	潼　关	8.6—8.10	10.52	2290	5000	8.6 23:18	29.6	8.7 02
	4	唐乃亥	8.1—9.10	76.07	584	2950	8.23 10:30	1.04	8.20 08
	5	潼　关	8.13—9.2	75.77	10400	6400	8.21 12:30	12.9	8.18 14
	6	潼　关				6360	8.26 07:36	21.3	8.27 08

三、重点河段冲淤变化

（一）内蒙古河段典型断面冲淤变化

黄河内蒙古河段石嘴山、巴彦高勒、三湖河口和头道拐各水文站断面的冲淤变化见图 2-5。

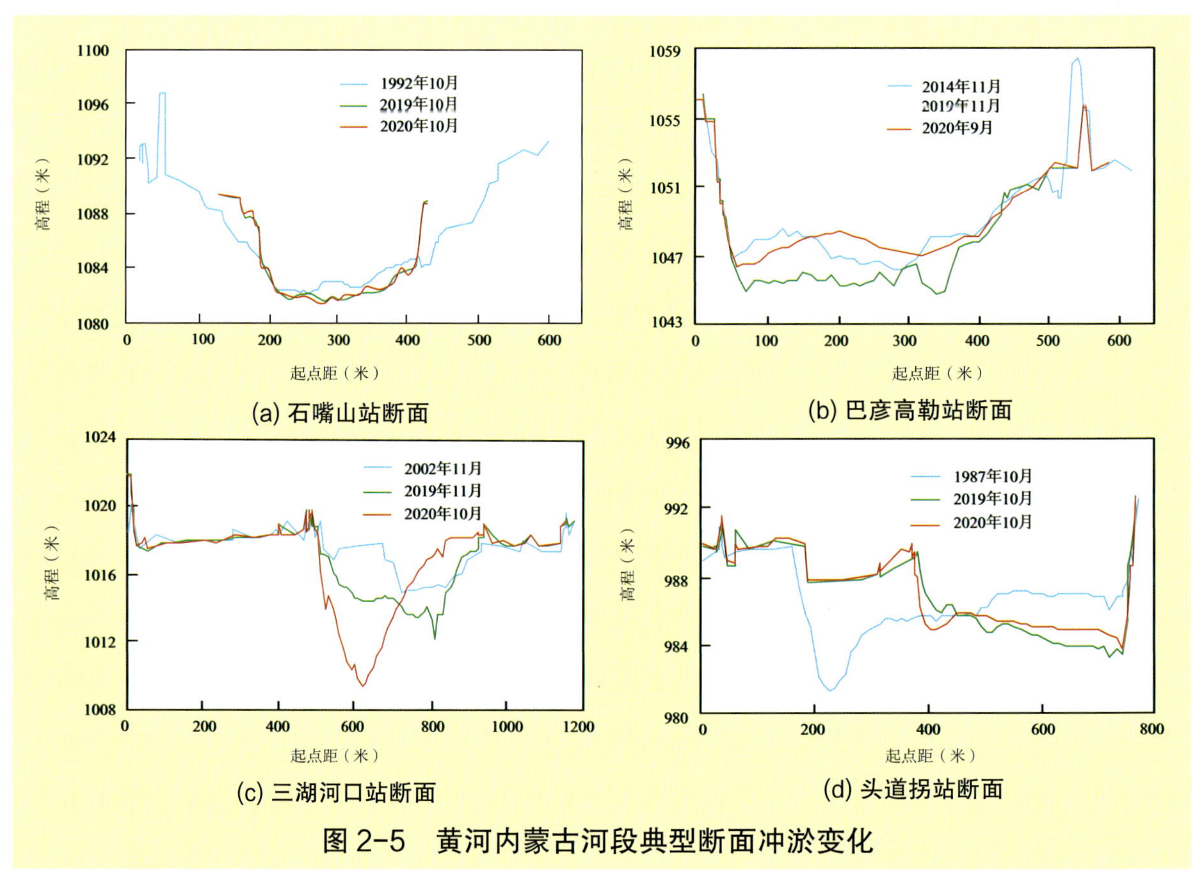

(a) 石嘴山站断面
(b) 巴彦高勒站断面
(c) 三湖河口站断面
(d) 头道拐站断面

图 2-5　黄河内蒙古河段典型断面冲淤变化

石嘴山站断面 2020 年汛后与 1992 年同期相比 [图 2-5(a)]，高程 1091.50 米（汛期历史最高水位以上 0.61 米）以下断面面积增大约 65 平方米（起点距 143～446 米），总体表现为冲刷。2020 年汛后与 2019 年同期相比，高程 1091.50 米以下断面面积减小约 14 平方米，河槽总体略有淤积。

巴彦高勒站断面 2020 年汛后与 2014 年同期相比 [图 2-5(b)]，高程 1055.00 米（汛期历史最高水位以上 0.78 米）以下断面面积减小约 80 平方米，断面总体表现为淤积。2020 年汛后与 2019 年同期相比，高程 1055.00 米以下断面面积减少约 725 平方米，断面总体淤积。

三湖河口站断面 2020 年汛后与 2002 年同期相比 [图 2-5(c)]，高程 1019.50 米（汛期历史最高水位以上 0.31 米）以下断面面积增大约 880 平方米，断面冲刷严重。2020 年汛后与 2019 年同期相比，高程 1019.50 米以下断面面积增大约 292 平方米，河道主槽左移，断面总体冲刷。

头道拐站断面 2020 年汛后与 1987 年同期相比 [图 2-5(d)]，高程 992.00 米（汛期历史最高水位以上 0.50 米）以下断面面积减小约 410 平方米，断面总体淤积。2020 年汛后与 2019 年同期相比，高程 992.00 米以下断面面积减小约 141 平方米，总体表现为淤积。

（二）黄河下游河段

1. 河段冲淤量

2019 年 10 月至 2020 年 10 月，黄河下游河道总冲刷量为 0.465 亿立方米，其中，高村至孙口河段表现为淤积，淤积量为 0.063 亿立方米，其他河段均表现为冲刷，冲刷量为 0.528 亿立方米。各河段冲淤量见表 2-5。

表 2-5　2019 年 10 月至 2020 年 10 月黄河下游各河段冲淤量

河　段	西霞院—花园口	花园口—夹河滩	夹河滩—高　村	高　村—孙　口	孙　口—艾　山	艾　山—泺　口	泺　口—利　津	合　计
河段长度（公里）	112.8	100.8	72.6	118.2	63.9	101.8	167.8	737.9
冲淤量（亿立方米）	–0.154	–0.172	–0.051	+0.063	–0.011	–0.064	–0.076	–0.465

注　“+”表示淤积，“–”表示冲刷。

2. 典型断面冲淤变化

黄河下游河道典型断面冲淤变化见图 2-6。与上年同期相比，2020 年 10 月花园口断面、丁庄断面、孙口断面和泺口断面均表现为冲刷。

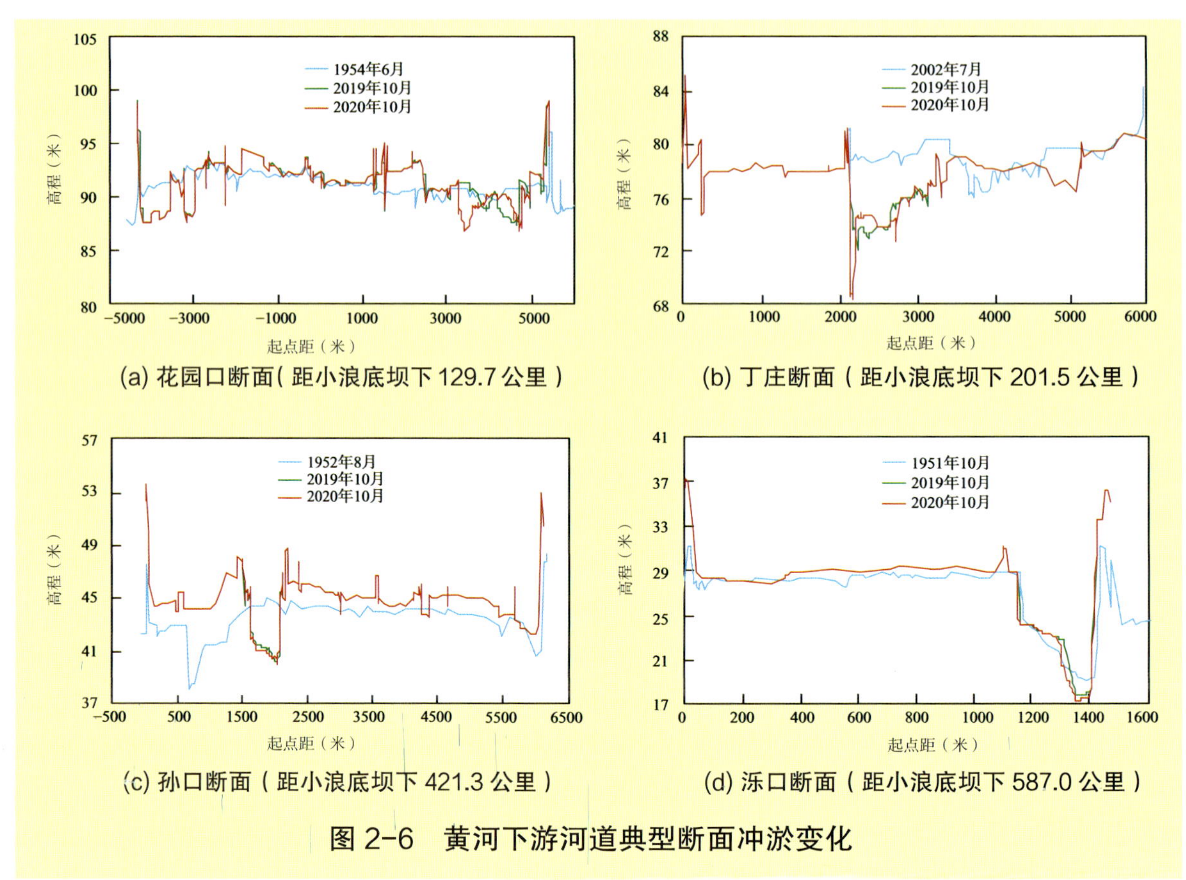

(a) 花园口断面（距小浪底坝下 129.7 公里）

(b) 丁庄断面（距小浪底坝下 201.5 公里）

(c) 孙口断面（距小浪底坝下 421.3 公里）

(d) 泺口断面（距小浪底坝下 587.0 公里）

图 2-6　黄河下游河道典型断面冲淤变化

3. 引水引沙

根据黄河下游 103 处引水口引水监测和 91 处引水口引沙监测统计，2020 年黄河下游实测引水量 121.1 亿立方米，实测引沙量 3300 万吨。其中，西霞院—高村河段引水量和引沙量分别为 37.78 亿立方米和 583 万吨，高村—艾山河段引水量和引沙量分别为 23.94 亿立方米和 707 万吨，艾山—利津河段引水量和引沙量分别为 51.82 亿立方米和 1890 万吨。各河段实测引水量与引沙量见表 2-6。

表 2-6　2020 年黄河下游各河段实测引水量与引沙量

河　段	西霞院—花园口	花园口—夹河滩	夹河滩—高　村	高　村—孙　口	孙　口—艾　山	艾　山—泺　口	泺　口—利　津	利　津以　下	合　计
引水量（亿立方米）	5.860	13.42	18.50	9.810	14.13	19.05	32.77	7.590	121.1
引沙量（万吨）	131	315	137	167	540	758	1130	119	3300

四、重要水库冲淤变化

（一）三门峡水库

1. 水库冲淤量

2019 年 10 月至 2020 年 10 月，三门峡水库库区表现为淤积，总淤积量为 0.271 亿立方米。其中，黄河小北干流河段冲刷量为 0.267 亿立方米，干流三门峡—潼关河段淤积量为 0.423 亿立方米；支流渭河淤积量为 0.111 亿立方米，北洛河淤积量为 0.004 亿立方米。三门峡水库库区 2020 年度及多年累积冲淤量分布见表 2-7。

表 2-7　三门峡水库库区 2020 年度及多年累积冲淤量分布

单位：亿立方米

库段 \ 时段	1960 年 5 月至 2019 年 10 月	2019 年 10 月至 2020 年 10 月	1960 年 5 月至 2020 年 10 月
黄淤 1—黄淤 41	+27.357	+0.423	+27.780
黄淤 41—黄淤 68	+21.820	–0.267	+21.553
渭拦 4—渭淤 37	+10.714	+0.111	+10.825
洛淤 1—洛淤 21	+2.965	+0.004	+2.969
合 计	+62.856	+0.271	+63.127

注 1. “+”表示淤积，“–”表示冲刷。
2. 黄淤 41 断面即潼关断面，位于黄河、渭河交汇点下游，也是黄河由北向南转而东流之处；黄淤 1—黄淤 41 即三门峡—潼关河段，黄淤 41—黄淤 68 即小北干流河段；渭河冲淤断面自下而上分渭拦 11、渭拦 12、渭拦 1—渭拦 10 和渭淤 1—渭淤 37 两段布设，渭河冲淤计算从渭拦 4 开始；北洛河自下而上依次为洛淤 1—洛淤 21。

2. 潼关高程

潼关高程是指潼关水文站流量为 1000 立方米 / 秒时潼关（六）断面的相应水位。2020 年潼关高程汛前为 326.75 米，汛后为 326.36 米，与上年度同期相比，汛前和汛后分别低 0.21 米和 0.50 米；与 2003 年汛前和 1969 年汛后历史同期最高高程相比，汛前和汛后分别下降 0.95 米和 1.07 米。

（二）小浪底水库

小浪底水库库区汇入支流较多，平面形态狭长弯曲，总体上是上窄下宽。距坝 65 公里以上为峡谷段，河谷宽度多在 500 米以下；距坝 65 公里以下宽窄相间，河谷宽度多在 1000 米以上，最宽处约 2800 米。

2020 年小浪底水库日平均水位（桐树岭站）1—6 月中旬维持在 250～266 米之间，6 月 24 日至 7 月 10 日水库水位逐渐降至 210 米，7 月 23 日至 8 月 6 日进一步将水库水位降至 205 米左右，8 月 7 日后水库水位逐渐抬升，8 月中旬、9 月上旬、10 月上旬为应对上游来水，小浪底水库有三次降低水位运用情况，10 月 23 日升至 250 米以上。

1. 水库冲淤量

2019 年 10 月至 2020 年 10 月，小浪底水库库区冲刷量为 0.645 亿立方米，其中干流冲刷量为 0.630 亿立方米，除大坝至黄河 4 断面、黄河 20 断面至 36 断面、黄河 55 断面至黄河 56 断面外，其他干流断面均表现为冲刷；支流冲刷量为 0.015 亿立方米，淤积主要发生在西阳河、芮村河，冲刷主要发生在煤窑沟。自 1997 年 10 月小浪底水库截流以来，泥沙淤积主要发生在黄河 38 断面以下的干、支流库段，其淤积量占库区淤积总量的 97%。小浪底水库库区 2020 年度及多年累计冲淤量分布见表 2-8。

表 2-8　小浪底水库库区 2020 年度及多年累积冲淤量分布

单位：亿立方米

库段＼时段	1997 年 10 月至 2019 年 10 月	2019 年 10 月至 2020 年 10 月			1997 年 10 月至 2020 年 10 月	
		干　流	支　流	合　计	总　计	淤积量占比（%）
大坝—黄河 20	+20.564	−0.310	−0.048	−0.358	+20.206	62
黄河 20—黄河 38	+10.896	+0.244	+0.033	+0.277	+11.173	35
黄河 38—黄河 56	+1.506	−0.564	+0.000	−0.564	+0.942	3
合　计	+32.966	−0.630	−0.015	−0.645	+32.321	100

注　“+”表示淤积，“−”表示冲刷。

2. 水库库容变化

2020 年 10 月小浪底水库实测 275 米高程以下库容为 95.264 亿立方米，较 2019 年 10 月库容增大 0.645 亿立方米。小浪底水库库容曲线见图 2-7。

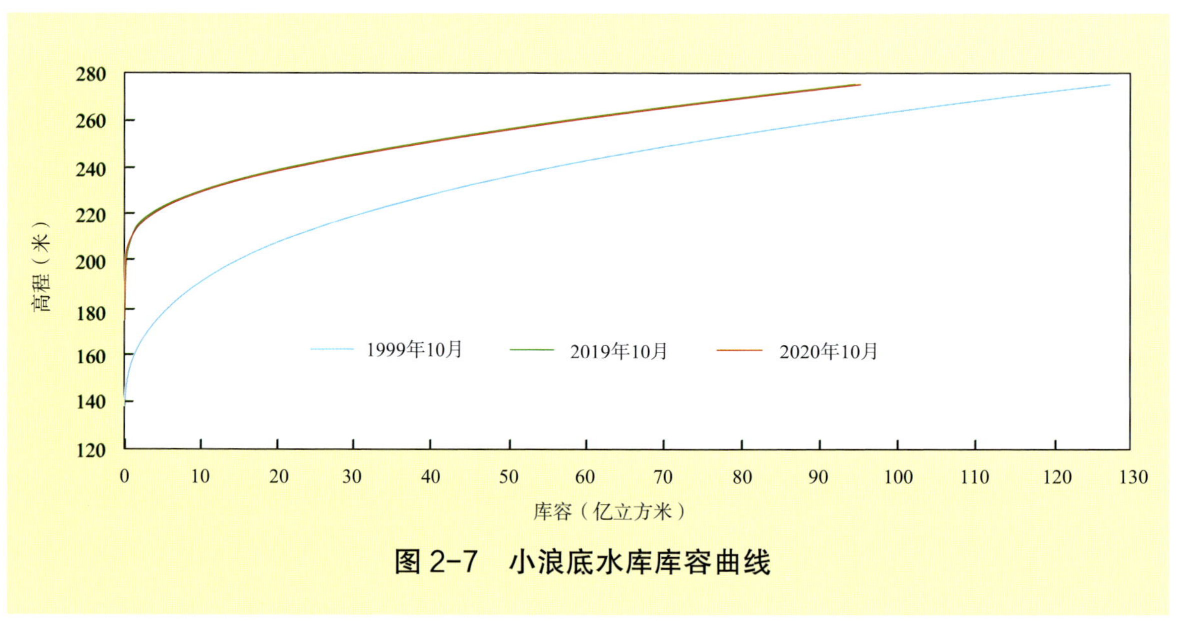

图 2-7　小浪底水库库容曲线

3. 水库纵剖面和典型断面冲淤变化

小浪底水库深泓纵剖面的变化情况见图 2-8。2020 年 10 月小浪底水库淤积三角洲顶点发生位移，从黄河 6 断面移至黄河 4 断面，顶点高程为 203.47 米。黄河 5 断面至黄河 20 断面间河床深泓点高程均降低，黄河 21 断面至黄河 37 断面间河床深泓点高程抬高与降低交替发生，黄河 38 断面至黄河 50 断面间河床深泓点均有较大程度的降低，其中黄河 39 断面深泓点降低幅度最大为 21.4 米。

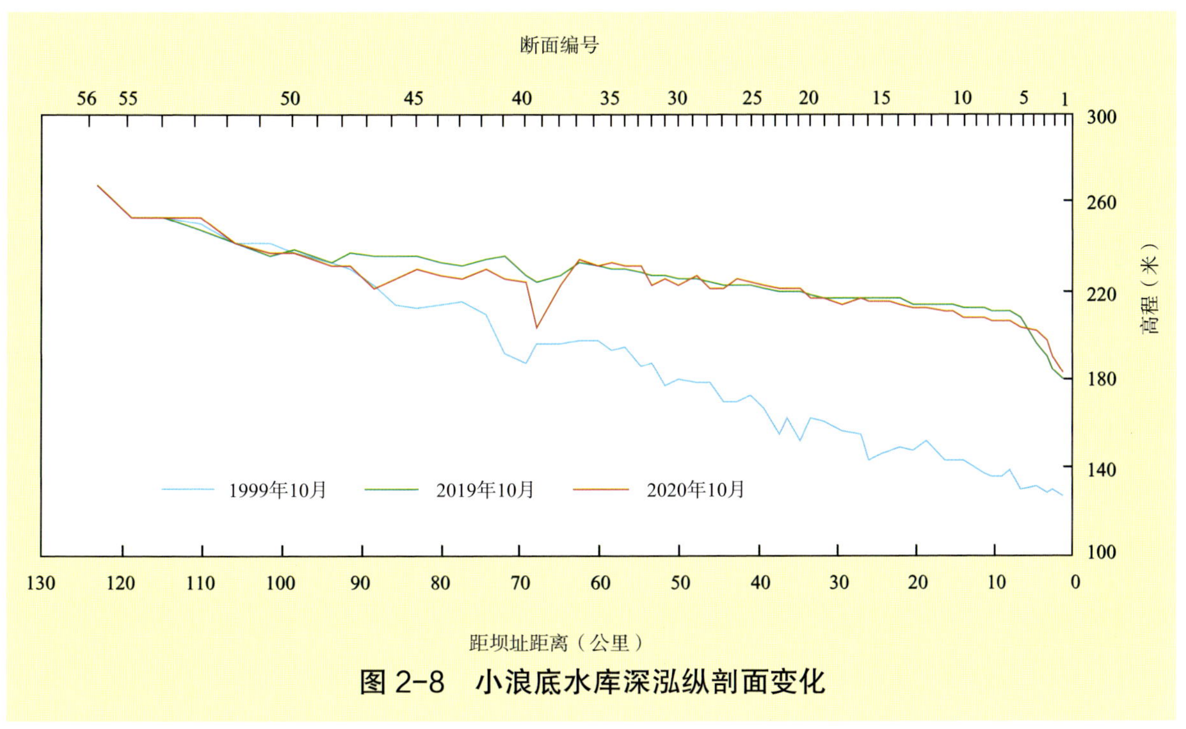

图 2-8　小浪底水库深泓纵剖面变化

根据 2020 年小浪底水库纵剖面和平面宽度的变化特点，选择黄河 5、黄河 23、黄河 39 和黄河 47 等 4 个典型断面说明库区冲淤变化情况，见图 2-9。与 2019 年 10 月相比，2020 年 10 月黄河 5 断面右侧冲刷，黄河 23 断面冲淤变化不大，黄河 39 断面和黄河 47 断面冲刷明显。

4. 库区典型支流入汇河段冲淤变化

以大峪河和畛水作为小浪底库区典型支流。大峪河在大坝上游 4.2 公里的黄河左岸汇入黄河；畛水在大坝上游 17.2 公里的黄河右岸汇入黄河，是小浪底库区最大的一条支流。从图 2-10 可以看出，随着干流河底的不断淤积，大峪河 1 断面 1999 年 10 月至 2020 年 10 月已淤积抬高 54.08 米，2019 年 10 月至 2020 年 10 月大峪河河口发生淤积，大峪河 1 断面深泓点抬升 0.25 米；畛水 1 断面 1999 年 10 月至 2020 年 10 月已淤积抬高 59.9 米，2019 年 10 月至 2020 年 10 月畛水河口发生冲刷，畛水 1 断面深泓点比 2019 年 10 月降低 2.97 米。

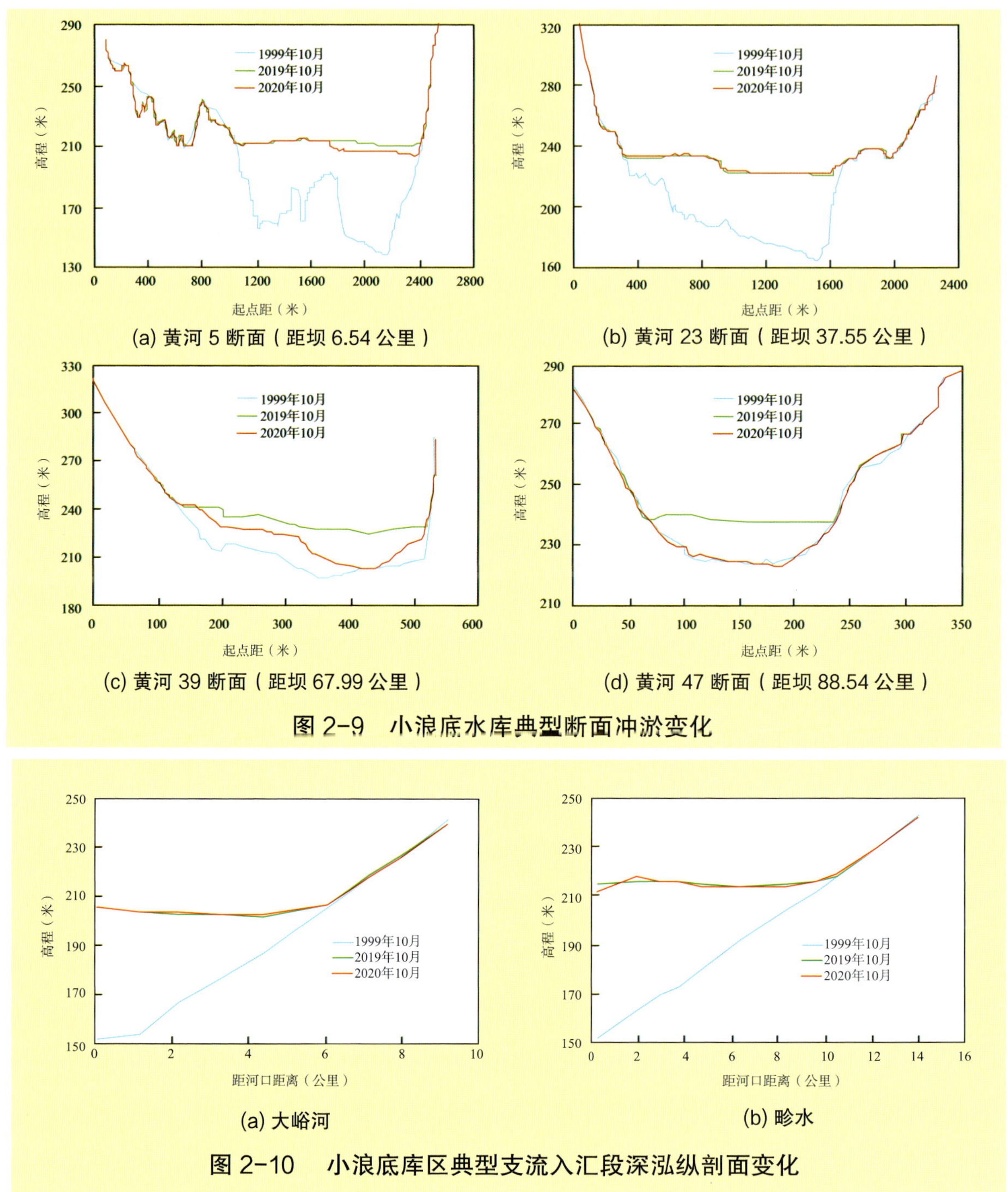

图 2-9 小浪底水库典型断面冲淤变化

图 2-10 小浪底库区典型支流入汇段深泓纵剖面变化

五、重要泥沙事件

（一）小浪底水库汛期排沙效果显著

2020 年小浪底水库低水位泄洪排沙运用具有水位低、排沙历时长、出库含沙量高、排沙量大的特点。水库库水位（桐树岭站）230 米以下排沙运用约 46 天（7 月 4 日至 8 月 18 日）；7 月 15 日 12 时 30 分，出库含沙量达到本次最大含沙量 259 千克 / 立方米。

按照输沙率法计算，2020 年 6—10 月，小浪底水库入库泥沙量为 3.44 亿吨，出库泥沙量为 3.28 亿吨，库区淤积量为 0.16 亿吨，排沙比为 95%。小浪底水库 6 月 24 日至 7 月 31 日集中排沙期间排沙效果显著，入库泥沙量为 0.90 亿吨，出库泥沙量为 2.62 亿吨，排沙比为 291%。

（二）2002 年黄河调水调沙以来下游平滩流量不断增加

2002 年汛前，黄河下游各水文站的平滩流量在 1800～4100 立方米 / 秒，最小值位于高村站。经过 2002 年以来 19 次调水调沙、2017 年以来水沙调控和小浪底水库清水下泄的共同作用，各水文站的平滩流量均有较大幅度的增加，2003 年、2005 年、2010 年和 2014 年下游最小平滩流量分别达到 2000 立方米 / 秒、3000 立方米 / 秒、4000 立方米 / 秒和 4200 立方米 / 秒，至 2020 年汛后，下游各水文站的平滩流量增大到 4500～8000 立方米 / 秒，最小值位于艾山站，2002 年汛前至 2020 年汛后黄河下游最小平滩流量增加了 2700 立方米 / 秒。2002 年汛前与 2020 年汛后黄河下游各水文站平滩流量及变化见表 2-9。

表 2-9　2002 年汛前与 2020 年汛后黄河下游各水文站平滩流量及变化

水文站 / 平滩流量（立方米 / 秒）	花园口	夹河滩	高村	孙口	艾山	泺口	利津
2002 年汛前	4100	2900	1800	2100	2800	2700	2900
2020 年汛后	8000	7700	6800	4700	4500	4800	4700
变化	3900	4800	5000	2600	1700	2100	1800

淮河入海水道二河（缪宜江　摄）

第三章　淮河

一、概述

2020 年淮河流域新增支流史河蒋家集水文站和涡河蒙城水文站。

2020 年淮河流域主要水文控制站实测径流量与多年平均值比较，颍河阜阳站偏小 31%，蒙城站基本持平，其他站偏大 11% ~ 127%；与近 10 年平均值比较，各站偏大 36% ~ 153%；与上年度比较，各站增大 109% ~ 462%。

2020 年淮河流域主要水文控制站实测输沙量与多年平均值比较，蒋家集站和沂河临沂站年输沙量分别偏大 42% 和 26%，其他站偏小 11%~95%；与近 10 年平均值比较，各站偏大 49% ~ 334%；与上年度比较，2020 年蒙城站输沙量为 6.15 万吨，上年度近似为 0，其他站增大 66% ~ 4390%。

近 5 年淮河流域主要水文控制站年平均实测水沙特征值与多年平均值比较，鲁台子站年平均径流量基本持平，蒋家集站和蚌埠站分别偏大 31% 和 6%，其他站偏小 8% ~ 47%；各站年平均输沙量偏小 45% ~ 98%。近 10 年水沙特征值与多年平均值比较，蒋家集站年平均径流量基本持平，其他站偏小 19% ~ 55%；各站年平均输沙量偏小 59% ~ 96%。

2020 年鲁台子水文站断面距左岸 100 ~ 180 米的主河槽有一定的冲刷，180 ~ 400 米处的主河槽有一定的淤积；蚌埠水文站断面主河槽略有冲刷；临沂水文站断面左岸河槽基本稳定，右岸河槽有冲有淤。

二、径流量与输沙量

（一）新增水文站径流量与输沙量历年变化

2020 年淮河流域新增水文站包括蒋家集站和蒙城站，其中蒋家集站为淮河支流史河上的水文控制站，位于河南省固始县蒋集镇大埠口村，控制流域面积为 0.59 万平方公里；蒙城站为淮河支流涡河上的水文控制站，位于安徽省亳州市蒙城县城关镇涡河闸，控制流域面积为1.55万平方公里。蒋家集站和蒙城站实测水沙特征值及历年径流量与输沙量变化分别见表3-1和图3-1。

表3-1　淮河流域新增水文站实测水沙特征值

河　流		史　河	涡　河
水文控制站		蒋家集	蒙　城
控制流域面积（万平方公里）		0.59	1.55
年径流量（亿立方米）	多年平均	20.18（1951—2020年）	12.68（1960—2020年）
	最大值	69.38（1954年）	58.60（1963年）
	最小值	1.608（1960年）	0.1403（1995年）
年输沙量（万吨）	多年平均	54.8（1958—2020年）	12.6（1982—2020年）
	最大值	228（1991年）	85.4（2003年）
	最小值	0.690（2001年）	0（1995年）
年平均含沙量（千克/立方米）	多年平均	0.301（1958—2020年）	0.125（1982—2020年）
	最大值	0.485（1991年）	0.231（2003年）
	最小值	0.014（2001年）	0（1995年）
输沙模数[吨/（年·平方公里）]	多年平均	92.9（1958—2020年）	8.13（1982—2020年）
	最大值	386（1991年）	55.1（2003年）
	最小值	1.17（2001年）	0（1995年）

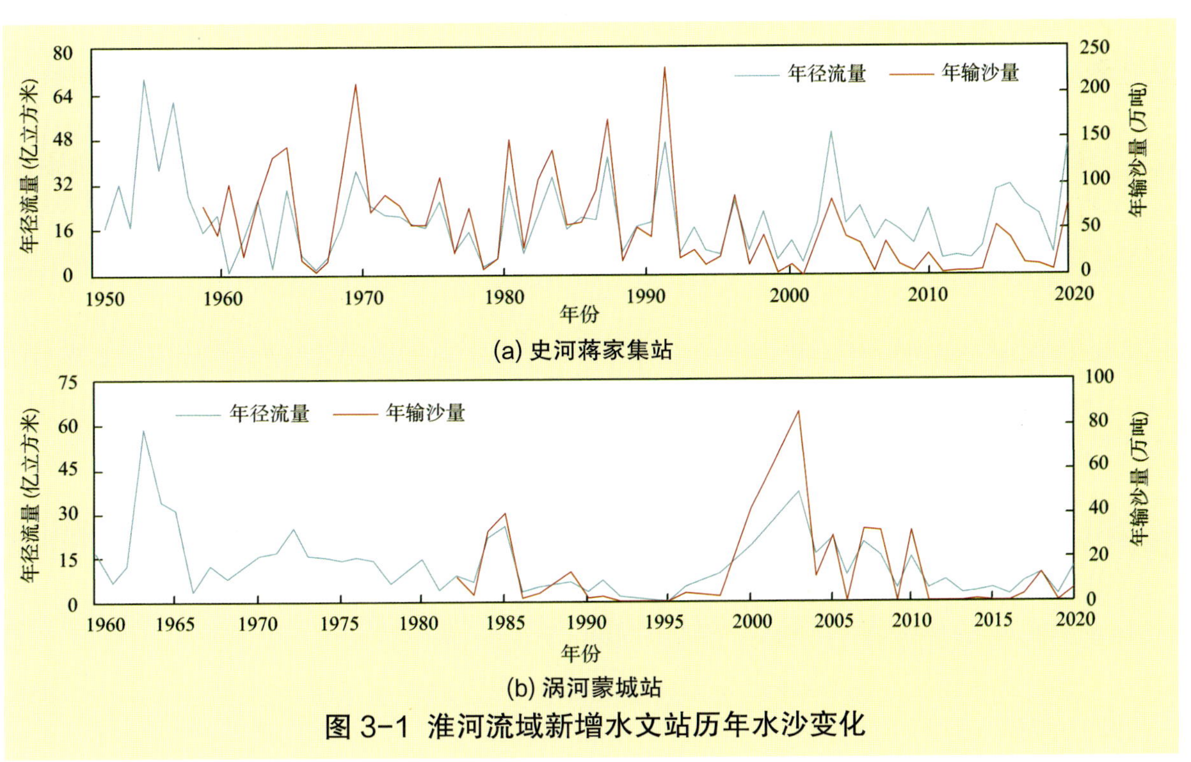

图3-1　淮河流域新增水文站历年水沙变化

（二）2020 年实测水沙特征值

2020 年淮河流域主要水文控制站实测水沙特征值与多年平均值、近 10 年平均值及 2019 年值的比较见表 3-2 和图 3-2。

表 3-2　淮河流域主要水文控制站实测水沙特征值对比表

河流		淮河	淮河	淮河	史河	颍河	涡河	沂河
水文控制站		息县	鲁台子	蚌埠	蒋家集	阜阳	蒙城	临沂
控制流域面积（万平方公里）		1.02	8.86	12.13	0.59	3.52	1.55	1.03
年径流量（亿立方米）	多年平均	35.91（1951—2020 年）	214.1（1950—2020 年）	261.7（1950—2020 年）	20.18（1951—2020 年）	43.01（1951—2020 年）	12.68（1960—2020 年）	20.28（1951—2020 年）
	近 5 年平均	32.87	222.9	278.1	26.47	25.64	6.751	16.89
	近 10 年平均	24.79	168.7	212.4	19.29	21.90	5.690	15.02
	2019 年	7.732	61.73	71.87	8.134	7.559	2.544	18.19
	2020 年	39.71	305.8	379.2	45.74	29.83	12.45	38.05
年输沙量（万吨）	多年平均	191（1959—2020 年）	726（1950—2020 年）	808（1950—2020 年）	54.8（1958—2020 年）	240（1951—2020 年）	12.6（1982—2020 年）	189（1954—2020 年）
	近 5 年平均	79.9	246	383	30.1	5.88	4.37	79.1
	近 10 年平均	58.6	178	285	22.5	8.46	2.28	55.1
	2019 年	2.47	19.6	37.0	5.97	0.472	0	144
	2020 年	111	266	722	77.6	13.1	6.15	239
年平均含沙量（千克/立方米）	多年平均	0.532（1959—2020 年）	0.339（1950—2020 年）	0.309（1950—2020 年）	0.301（1958—2020 年）	0.558（1951—2020 年）	0.125（1982—2020 年）	0.932（1954—2020 年）
	2019 年	0.032	0.032	0.051	0.073	0.006	0	0.792
	2020 年	0.280	0.087	0.190	0.170	0.044	0.049	0.629
输沙模数[吨/(年·平方公里)]	多年平均	187（1959—2020 年）	81.9（1950—2020 年）	66.6（1950—2020 年）	92.9（1958—2020 年）	68.2（1951—2020 年）	8.13（1982—2020 年）	183（1954—2020 年）
	2019 年	2.42	2.21	3.10	10.1	0.134	0	140
	2020 年	109	30.0	59.5	132	3.72	3.97	232

与多年平均值比较，2020 年淮河息县、鲁台子和蚌埠各站实测径流量分别偏大 11%、43% 和 45%，史河蒋家集站和沂河临沂站分别偏大 127% 和 88%，颍河阜阳站偏小 31%，涡河蒙城站基本持平；与近 10 年平均值比较，2020 年息县、鲁台子、蚌埠、蒋家集、阜阳、蒙城和临沂各站径流量分别偏大 60%、81%、79%、137%、36%、119% 和 153%；与上年度相比，2020 年息县、鲁台子、蚌埠、蒋家集、阜阳、蒙城和临沂各站径流量分别增大 414%、395%、428%、462%、295%、389% 和 109%。

与多年平均值比较，2020 年息县、鲁台子、蚌埠、阜阳和蒙城各站输沙量分别偏小 42%、63%、11%、95% 和 51%，蒋家集站和临沂站分别偏大 42% 和 26%；与近 10 年平均值比较，2020 年息县、鲁台子、蚌埠、蒋家集、阜阳、蒙城和临沂各站输沙量

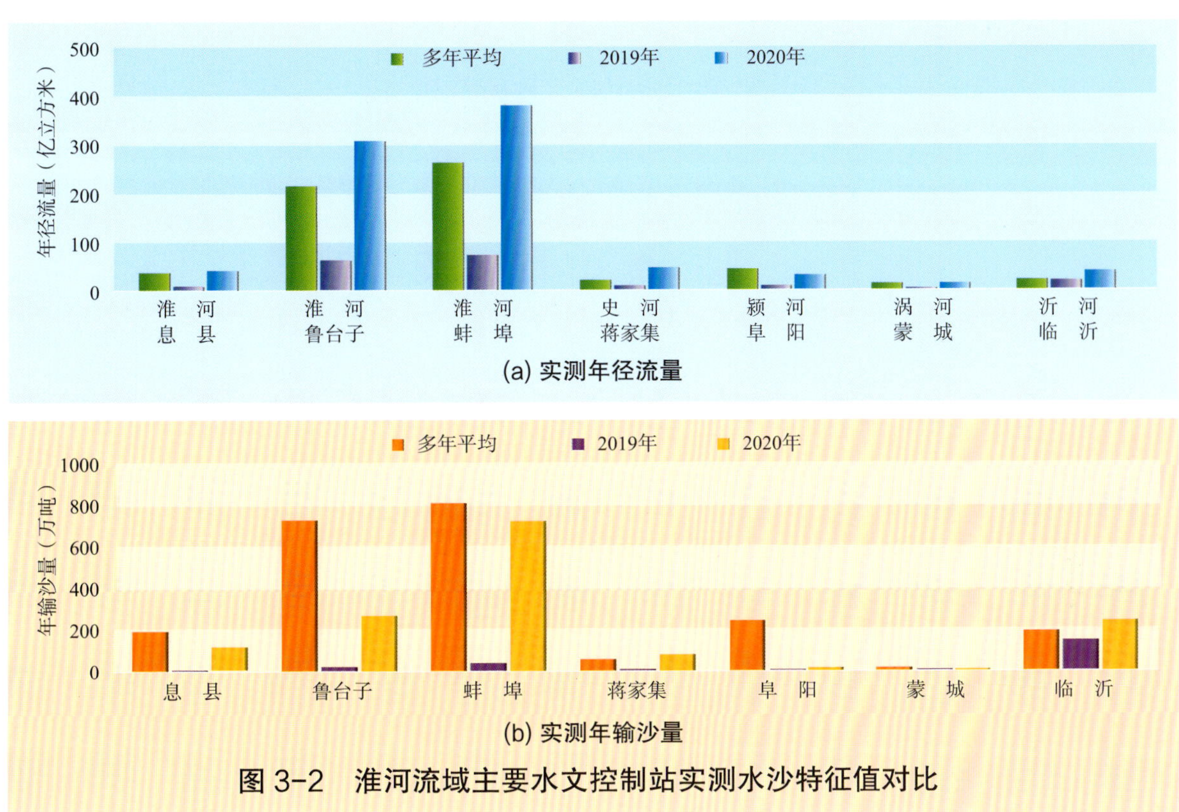

图 3-2　淮河流域主要水文控制站实测水沙特征值对比

分别偏大 89%、49%、153%、245%、55%、170% 和 334%；与上年度比较，2020 年息县、鲁台子、蚌埠、蒋家集、阜阳和临沂各站输沙量分别增大 4390%、1260%、1850%、1200%、2680% 和 66%，蒙城站年输沙量为 6.15 万吨，上年度近似为 0。

近 5 年淮河流域主要水文控制站年平均实测水沙特征值与多年平均值比较，鲁台子站年平均径流量基本持平，蒋家集站和蚌埠站分别偏大 31% 和 6%，息县、阜阳、蒙城和临沂各站分别偏小 8%、40%、47% 和 17%；息县、鲁台子、蚌埠、蒋家集、阜阳、蒙城和临沂各站年平均输沙量分别偏小 58%、66%、53%、45%、98%、65% 和 58%。近 10 年水沙特征值与多年平均值比较，蒋家集站年平均径流量基本持平，息县、鲁台子、蚌埠、阜阳、蒙城和临沂各站分别偏小 31%、21%、19%、49%、55% 和 26%；息县、鲁台子、蚌埠、蒋家集、阜阳、蒙城和临沂各站年平均输沙量分别偏小 69%、75%、65%、59%、96%、82% 和 71%。

（三）径流量与输沙量年内变化

2020 年淮河流域主要水文控制站逐月径流量与输沙量的变化见图 3-3。2020 年息县、鲁台子、蚌埠和蒋家集各站径流量和输沙量主要集中在 6—8 月，分别占全年的 81%～88% 和 96%～100%。阜阳、蒙城和临沂各站径流量和输沙量主要集中在 7—8 月，分别占全年的 66%～84% 和 94%～100%。

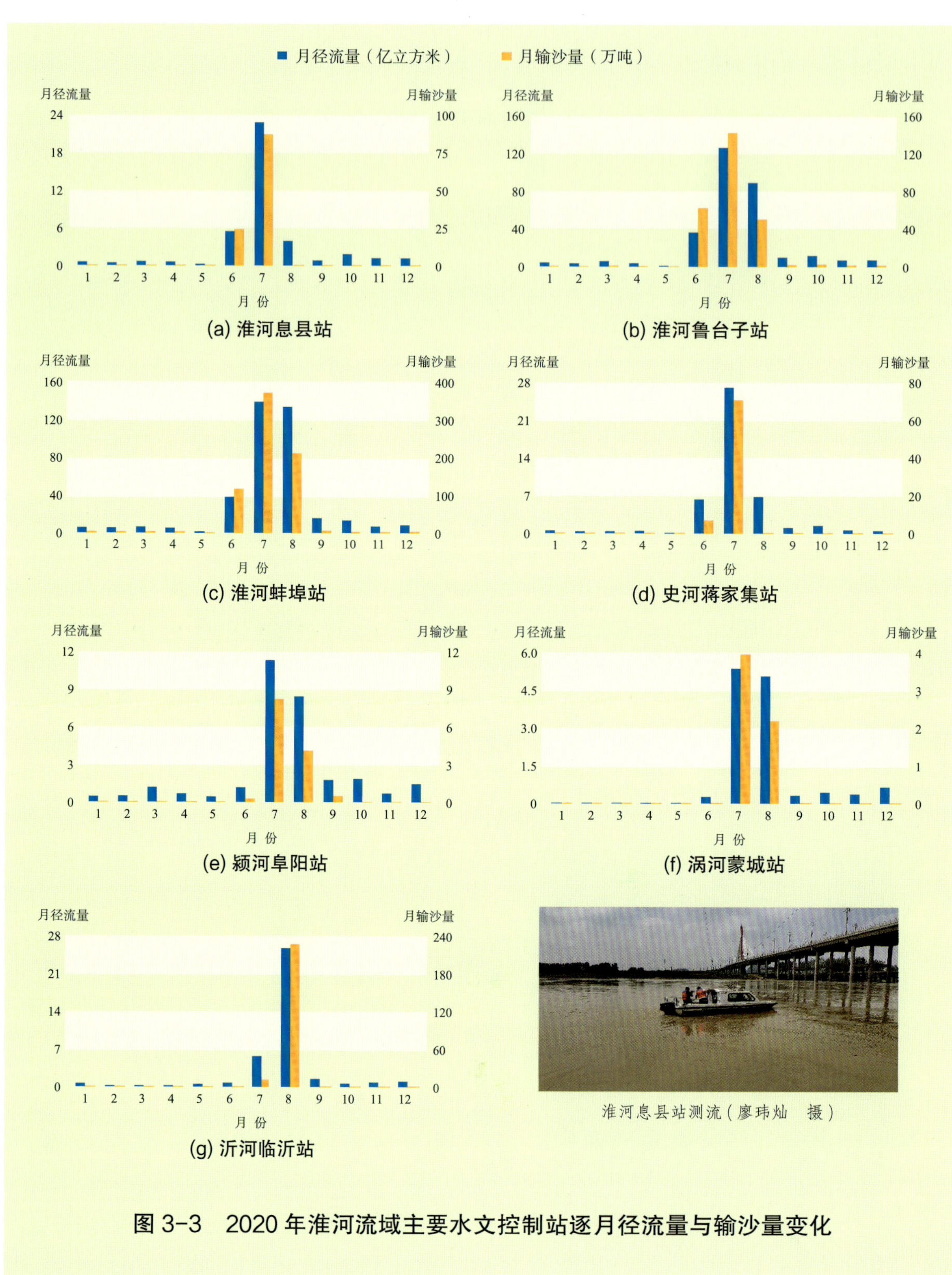

图 3-3　2020 年淮河流域主要水文控制站逐月径流量与输沙量变化

（四）洪水泥沙

2020 年淮河流域发生 2 次编号洪水，2 次洪水的水沙特征值见表 3-3。

表 3-3　2020 年淮河流域洪水泥沙特征值

河流	洪水编号	水文站	洪水起止时间（月.日）	洪水径流量（亿立方米）	洪水输沙量（万吨）	洪峰流量		最大含沙量	
						流量（立方米/秒）	发生时间（月.日 时:分）	含沙量（千克/立方米）	发生时间（月.日 时:分）
淮河	1	鲁台子	7.15—8.13	145.2	141	9120	7.20 16:00	0.166	7.18 08:00
		蚌埠	7.18—8.16	170.8	411	8250	7.24 17:30	0.313	7.23 08:00
沂河	1	临沂	8.14—8.20	12.84	198	10900	8.14 19:07	4.28	8.14 14:00

三、典型断面冲淤变化

（一）鲁台子水文站断面

淮河干流鲁台子水文站断面冲淤变化见图 3-4（鲁台子站冻结基面以上米数 − 0.152 米 = 黄海基面以上米数），在 2000 年退堤整治后，断面右边岸滩大幅拓宽。与 2019 年相比，2020 年断面距左岸 100～180 米的主河槽有一定的冲刷，180～400 米处的主河槽有一定的淤积。

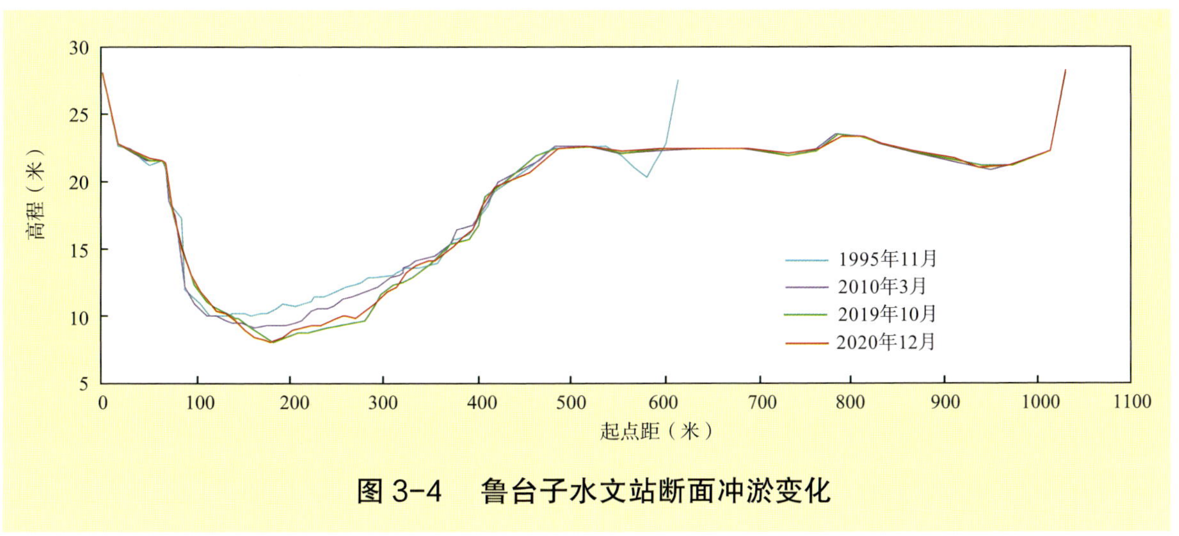

图 3-4　鲁台子水文站断面冲淤变化

（二）蚌埠水文站断面

淮河干流蚌埠水文站断面冲淤变化见图 3-5（蚌埠站冻结基面以上米数 − 0.134 米 = 黄海基面以上米数）。与 2019 年相比，2020 年断面主河槽略有冲刷。

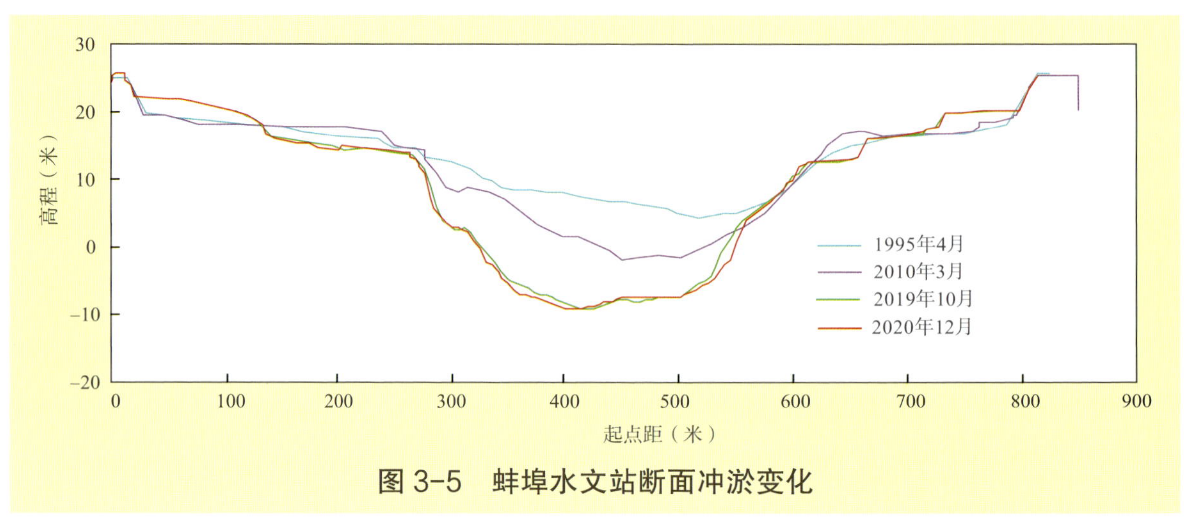

图 3-5　蚌埠水文站断面冲淤变化

（三）临沂水文站断面

沂河临沂水文站断面冲淤变化见图 3-6（临沂站冻结基面以上米数 - 0.757 米 =85 基准以上米数）。与 2019 年相比，2020 年断面左岸河槽基本稳定，右岸河槽有冲有淤。

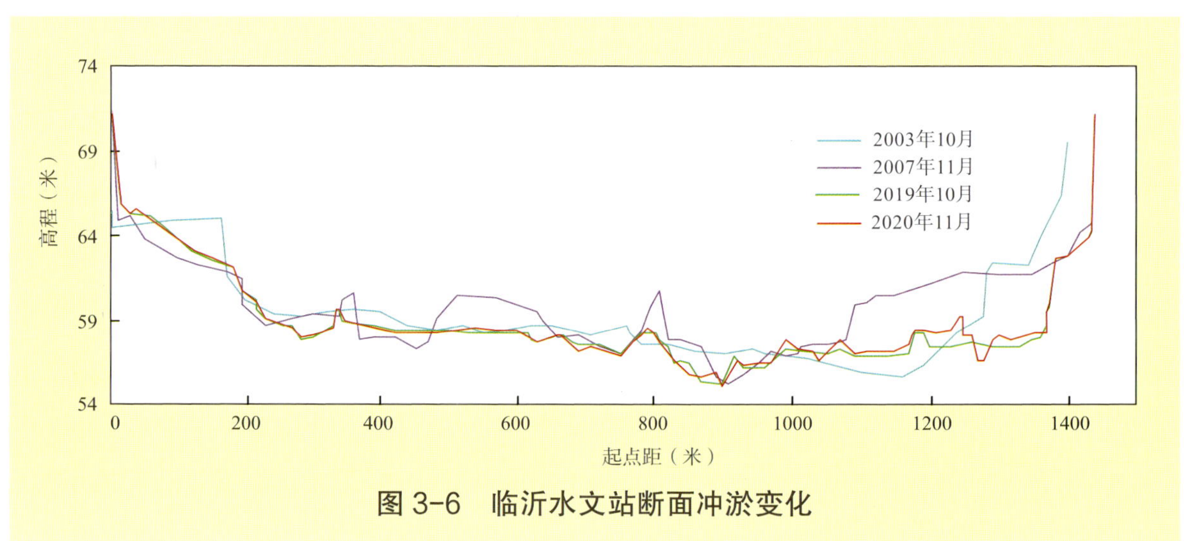

图 3-6　临沂水文站断面冲淤变化

滦河潘家口水库（李家旗 摄）

第四章 海河

一、概述

2020 年海河流域新增滦河滦县水文站、沙河阜平水文站和滹沱河小觉水文站。

2020 年海河流域主要水文控制站实测水沙特征值与多年平均值比较，阜平站年径流量基本持平，其他站偏小 35% ~ 93%；阜平站年输沙量偏小 61%，其他站均偏小近 100%。与近 10 年平均值比较，2020 年桑干河石匣里、永定河雁翅、白河张家坟和阜平各站径流量偏大 36% ~ 131%，其他站偏小 8% ~ 79%；滦县、潮河下会、海河海河闸、小觉和漳河观台各站年输沙量均偏小近 100%，洋河响水堡站近 10 年输沙量均近似为 0，其他站偏小 42% ~ 93%。与上年度比较，2020 年雁翅站和小觉站径流量基本持平，石匣里站和滦县站分别减小 31% 和 6%，观台站 2020 年和 2019 年径流量分别为 0.5456 亿立方米和 0，其他站增大 10% ~ 197%；响水堡、下会、海河闸和观台各站 2020 年和 2019 年输沙量均近似为 0，张家坟站 2020 年和 2019 年输沙量分别为 0.105 万吨和近似 0，石匣里、阜平和卫河元村集各站年输沙量增大 50% ~ 821%，其他站减小 44% ~ 100%。

近 5 年海河流域主要水文控制站年平均实测水沙特征值与多年平均值比较，阜平站年平均径流量基本持平，其他站偏小 46% ~ 89%；阜平站年平均输沙量偏大 49%，其他站偏小 89% ~ 100%。近 10 年年平均径流量与多年平均值比较，各站偏小 26% ~ 90%；各站年平均输沙量偏小 25% ~ 100%。

2020 年河北省实施引黄入冀调水，入冀水量为 13.92 亿立方米，入冀挟带泥沙量为 68.05 万吨。

二、径流量与输沙量

（一）新增水文站径流量与输沙量历年变化

2020年海河流域新增水文站包括滦县站、阜平站和小觉站，其中滦县站是滦河系滦河下游控制水文站，位于河北省滦州市，控制流域面积为4.41万平方公里。阜平站是大清河系沙河的控制水文站，位于河北省阜平县，控制流域面积为0.22万平方公里。小觉站是子牙河系滹沱河的控制水文站，位于河北省平山县，控制流域面积为1.40万平方公里。滦县、阜平和小觉各站实测水沙特征值及历年径流量与输沙量变化分别见表4-1和图4-1。

表4-1 海河流域新增水文站实测水沙特征值

河流		滦河	沙河	滹沱河
水文控制站		滦县	阜平	小觉
控制流域面积（万平方公里）		4.41	0.22	1.40
年径流量（亿立方米）	多年平均	29.12（1950—2020年）	2.419（1959—2020年）	5.624（1956—2020年）
	最大值	127.8（1959年）	10.96（1959年）	23.33（1956年）
	最小值	3.317（2001年）	0.3630（1984年）	0.4393（2014年）
年输沙量（万吨）	多年平均	785（1950—2020年）	44.3（1959—2020年）	578（1956—2020年）
	最大值	8790（1959年）	368（1963年）	5330（1967年）
	最小值	0.000（2014年）	0.000（2003年）	0.000（2014年）
年平均含沙量（千克/立方米）	多年平均	2.70（1950—2020年）	1.83（1959—2020年）	10.3（1956—2020年）
	最大值	8.08（1962年）	7.34（2016年）	29.0（1967年）
	最小值	0.000（2014年）	0.000（2003年）	0.000（2014年）
年平均中数粒径（毫米）	多年平均	0.028（1961—2020年）	0.031（1965—2020年）	0.029（1965—2020年）
	最大值	0.055（1990年）	0.088（2008年）	0.061（2012年）
	最小值	0.000（2014年）	0.000（2003年）	0.000（2014年）
输沙模数[吨/(年·平方公里)]	多年平均	178（1950—2020年）	200（1959—2020年）	413（1956—2020年）
	最大值	1993（1959年）	1665（1963年）	3807（1967年）
	最小值	0.000（2014年）	0.000（2003年）	0.000（2014年）

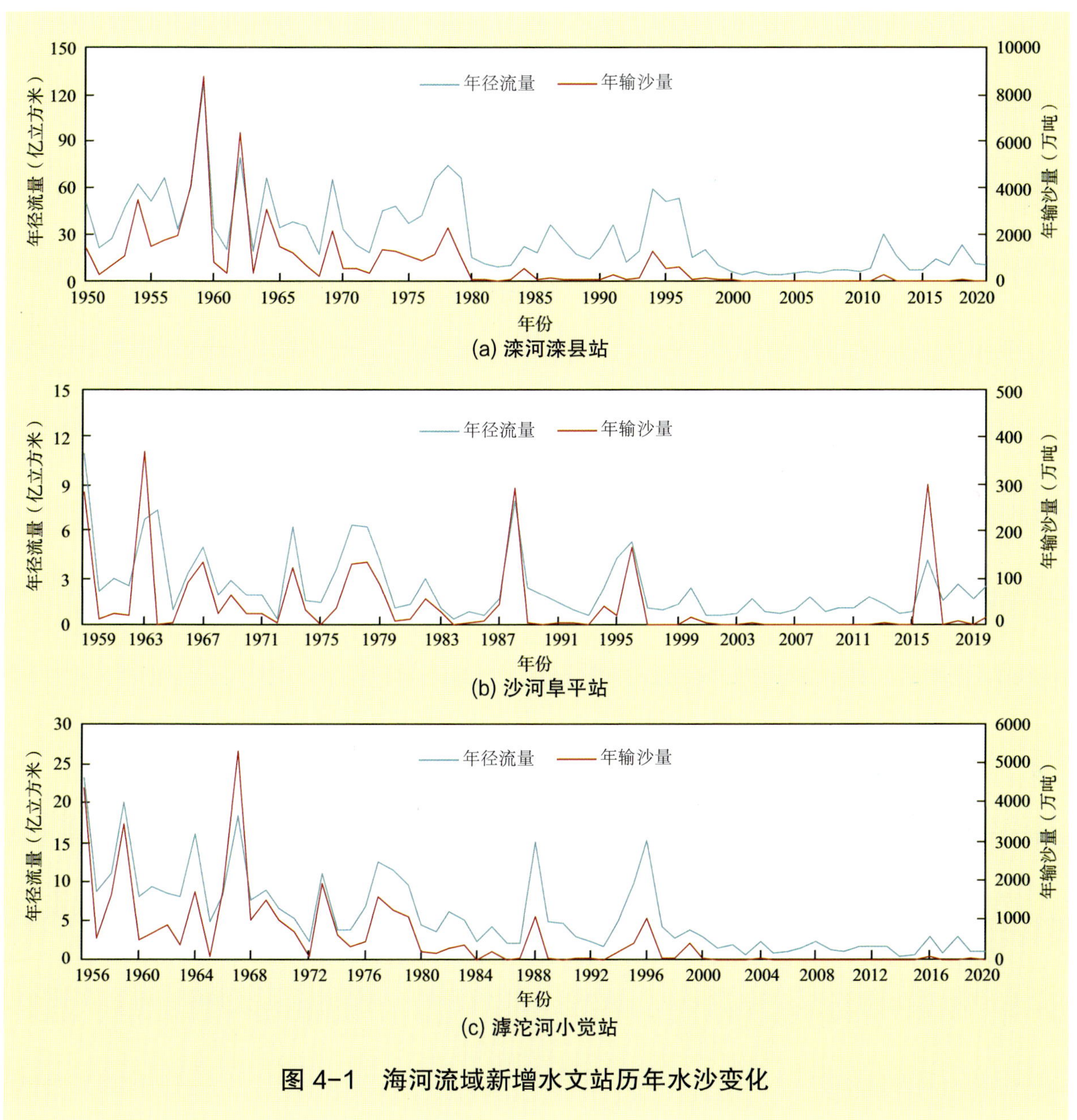

图 4-1　海河流域新增水文站历年水沙变化

（二）2020 年实测水沙特征值

2020 年海河流域主要水文控制站实测水沙特征值与多年平均值、近 10 年平均值及 2019 年值的比较见表 4-2 和图 4-2。

与多年平均值比较，2020 年海河流域沙河阜平站实测径流量基本持平，桑干河石匣里、洋河响水堡、永定河雁翅、滦河滦县、潮河下会、白河张家坟、海河海河闸、滹沱河小觉、漳河观台和卫河元村集各站分别偏小 52%、90%、39%、66%、56%、

35%、44%、82%、93% 和 81%；与近 10 年平均值比较，2020 年石匣里、雁翅、张家坟和阜平各站分别偏大 69%、131%、41% 和 36%，响水堡、滦县、下会、海河闸、小觉、观台和元村集各站分别偏小 8%、26%、9%、9%、31%、79% 和 57%；与上年度比较，2020 年雁翅站和小觉站基本持平，响水堡、下会、张家坟、海河闸、阜平和元村集各站分别增大 24%、44%、197%、13%、45% 和 10%，石匣里站和滦县站分别减小 31% 和 6%，观台站 2020 年和 2019 年径流量分别为 0.5456 亿立方米和 0。

表 4-2　海河流域主要水文控制站实测水沙特征值对比表

河流		桑干河	洋河	永定河	滦河	潮河	白河	海河	沙河	滹沱河	漳河	卫河
水文控制站		石匣里	响水堡	雁翅	滦县	下会	张家坟	海河闸	阜平	小觉	观台	元村集
控制流域面积（万平方公里）		2.36	1.45	4.37	4.41	0.53	0.85		0.22	1.40	1.78	1.43
年径流量（亿立方米）	多年平均	4.009 (1952—2020年)	2.938 (1952—2020年)	5.224 (1963—2020年)	29.12 (1950—2020年)	2.294 (1961—2020年)	4.695 (1954—2020年)	7.598 (1960—2020年)	2.419 (1959—2020年)	5.624 (1956—2020年)	8.197 (1951—2020年)	14.38 (1951—2020年)
	近5年平均	1.594	0.3130	2.075	13.48	1.202	2.540	4.132	2.453	1.700	3.065	6.755
	近10年平均	1.131	0.3037	1.381	13.41	1.097	2.172	4.693	1.797	1.443	2.621	6.341
	2019年	2.749	0.2259	3.059	10.48	0.6938	1.036	3.757	1.689	1.026	0.000	2.463
	2020年	1.909	0.2801	3.186	9.870	0.9999	3.073	4.264	2.446	0.9974	0.5456	2.711
年输沙量（万吨）	多年平均	776 (1952—2020年)	531 (1952—2020年)	10.1 (1963—2020年)	785 (1950—2020年)	67.8 (1961—2020年)	108 (1954—2020年)	6.02 (1960—2020年)	44.3 (1959—2020年)	578 (1956—2020年)	681 (1951—2020年)	198 (1951—2020年)
	近5年平均	2.19	0.000	0.135	7.63	1.29	2.77	0.000	65.8	26.0	77.9	9.57
	近10年平均	2.74	0.000	0.068	27.8	0.697	1.44	0.046	33.4	13.6	45.0	7.18
	2019年	1.07	0.000	0.041	0.346	0.000	0.000	0.000	1.89	36.0	0.000	0.712
	2020年	1.60	0.000	0.023	0.157	0.000	0.105	0.000	17.4	0.000	0.000	2.81
年平均含沙量（千克/立方米）	多年平均	19.4 (1952—2020年)	18.1 (1952—2020年)	0.192 (1963—2020年)	2.70 (1950—2020年)	2.96 (1961—2020年)	2.30 (1954—2020年)	0.079 (1960—2020年)	1.83 (1959—2020年)	10.3 (1956—2020年)	8.31 (1951—2020年)	1.38 (1951—2020年)
	2019年	0.039	0.000	0.001	0.003	0.000	0.000	0.000	0.112	3.51	0.000	0.029
	2020年	0.084	0.000	0.001	0.002	0.000	0.003	0.000	0.711	0.000	0.000	0.104
年平均中数粒径（毫米）	多年平均	0.029 (1961—2020年)	0.027 (1962—2020年)		0.028 (1961—2020年)				0.031 (1965—2020年)	0.029 (1965—2020年)	0.027 (1965—2020年)	
	2019年	0.010							0.012	0.015		
	2020年	0.042							0.010			
输沙模数[吨/(年·平方公里)]	多年平均	329 (1952—2020年)	366 (1952—2020年)	2.30 (1963—2020年)	178 (1950—2020年)	128 (1961—2020年)	127 (1954—2020年)		200 (1959—2020年)	413 (1956—2020年)	383 (1951—2020年)	138 (1951—2020年)
	2019年	0.453	0.000	0.009	0.078	0.000	0.000		8.55	25.7	0.000	0.498
	2020年	0.678	0.000	0.005	0.036	0.000	0.124		78.7	0.000	0.000	1.97

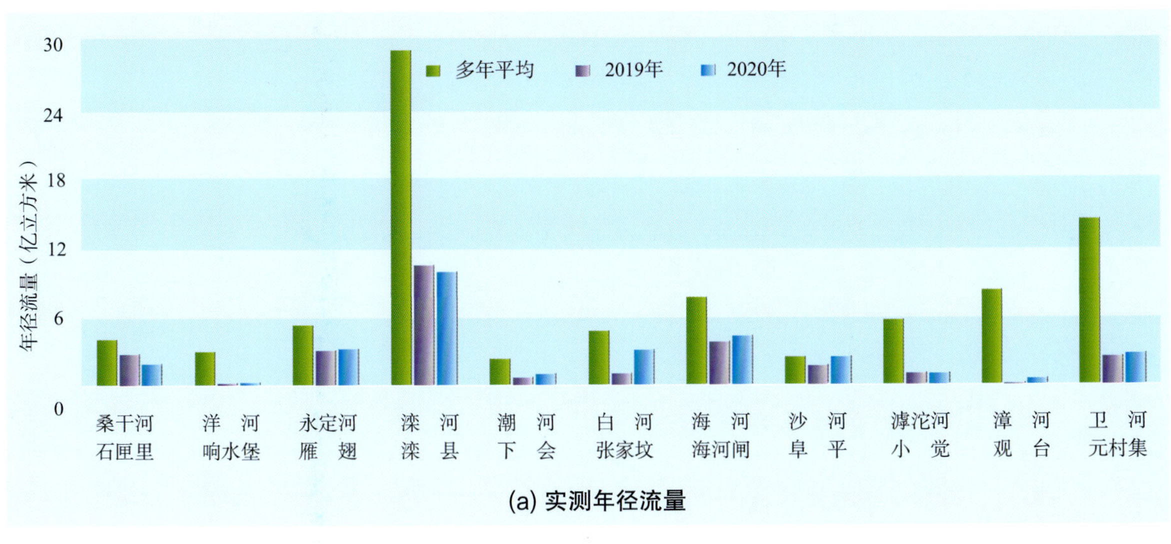

(a) 实测年径流量

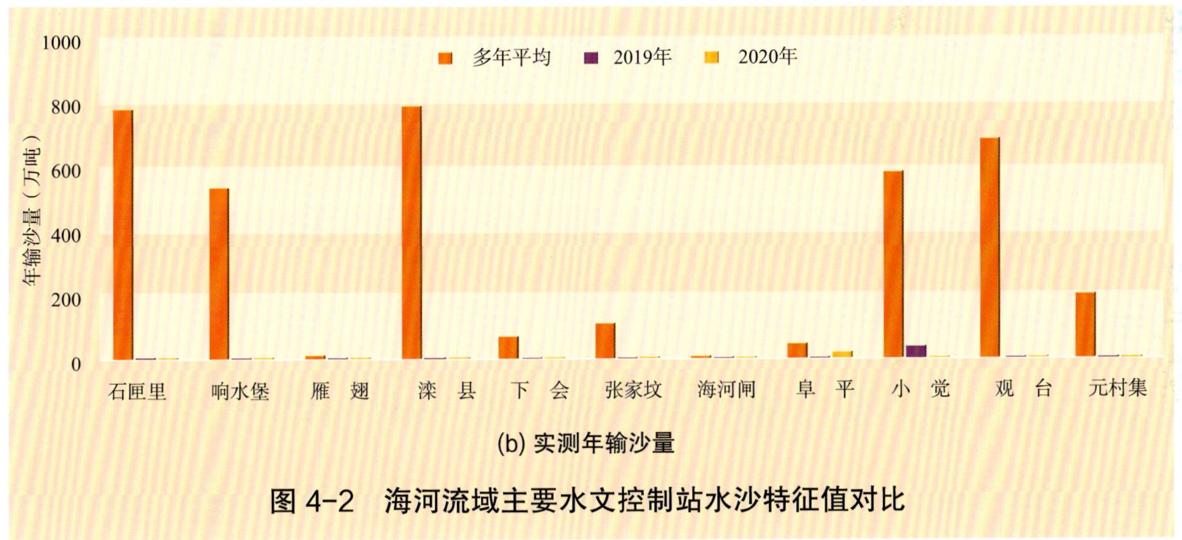

(b) 实测年输沙量

图 4-2 海河流域主要水文控制站水沙特征值对比

与多年平均值比较，2020 年海河流域阜平站实测输沙量偏小 61%，其他站均偏小近 100%；与近 10 年平均值比较，2020 年滦县、下会、海河闸、小觉和观台各站均偏小近 100%，石匣里、雁翅、张家坟、阜平和元村集各站分别偏小 42%、66%、93%、48% 和 61%，响水堡站近 10 年输沙量均近似为 0；与上年度比较，2020 年石匣里、阜平和元村集各站分别增大 50%、821% 和 295%，小觉站减小近 100%，雁翅站和滦县站分别减小 44% 和 55%，响水堡、下会、海河闸和观台各站 2020 年和 2019 年输沙量均近似为 0，张家坟站 2020 年和 2019 年输沙量分别为 0.105 万吨和近似为 0。

近 5 年海河流域主要水文控制站年平均实测水沙特征值与多年平均值比较，阜平站年平均径流量基本持平，石匣里、响水堡、雁翅、滦县、下会、张家坟、海河闸、小觉、观台和元村集各站分别偏小 60%、89%、60%、54%、48%、46%、46%、70%、63%

和53%；阜平站年平均输沙量偏大49%，石匣里、响水堡、雁翅、滦县、下会、张家坟、海河闸、小觉、观台和元村集各站分别偏小近100%、近100%、99%、99%、98%、97%、近100%、96%、89%和95%。近10年水沙特征值与多年平均值比较，石匣里、响水堡、雁翅、滦县、下会、张家坟、海河闸、阜平、小觉、观台和元村集各站年平均径流量分别偏小72%、90%、74%、54%、52%、54%、38%、26%、74%、68%和56%；石匣里、响水堡、雁翅、滦县、下会、张家坟、海河闸、阜平、小觉、观台和元村集各站年平均输沙量分别偏小近100%、近100%、99%、96%、99%、99%、99%、25%、98%、93%和96%。

（三）径流量与输沙量年内变化

2020年海河流域主要水文控制站逐月径流量与输沙量的变化见图4-3。受上游水库供水、调水等人类活动的影响，2020年石匣里站和响水堡站的汛前和汛后径流量比例较大，其中石匣里站3—5月和10—12月径流量占全年的82%，响水堡站5—7月和11月径流量占全年的61%；石匣里站输沙量集中在主汛期7—8月，响水堡站输沙量近似为0。雁翅站径流量主要集中在4—5月和10月，输沙量主要集中在4月，分别占全年的74%和100%。下会站径流量主要来自上游来水，河道全年有水；输沙量近似为0。张家坟站受上游白河堡水库下泄水量影响，7—11月径流量占全年的79%；输沙量主要集中在8月，占全年的近100%。海河闸站汛期6—9月径流量占全年的51%，观台站仅8月径流量较大；海河闸站和观台站年输沙量近似为0。元村集站径流量和输沙量主要集中在汛期6—9月，分别占全年的53%和98%。滦县、阜平和小觉各站汛期6—9月径流量分别占全年的51%～83%，滦县站7月和阜平站7—8月输沙量均占全年的近100%，小觉站年输沙量近似为0。

（四）引黄入冀调水

2020年河北省实施引黄入冀补水，引黄入冀总水量为13.92亿立方米，挟带泥沙总量为68.05万吨。其中，2020年1—2月、4—5月和8—12月三次通过引黄入冀渠村线路向沿线农业供水及白洋淀生态补水，入冀水量为6.304亿立方米，入冀泥沙量为9.51万吨；1—2月、4—7月和12月三次通过引黄入冀位山线路实施衡水湖及邢台市、衡水市、沧州市农业补水，入冀水量为4.543亿立方米，入冀泥沙量为56.2万吨；1月、5—7月和10—12月三次通过引黄入冀潘庄线路向沧州市大浪淀水库补水，入冀水量为2.739亿立方米，入冀泥沙量为2.34万吨；12月通过引黄入冀李家岸线路向沧州市东部农业补水，入冀水量为0.3327亿立方米，入冀泥沙量为0。

图 4-3（一） 2020 年海河流域主要水文控制站逐月径流量与输沙量变化

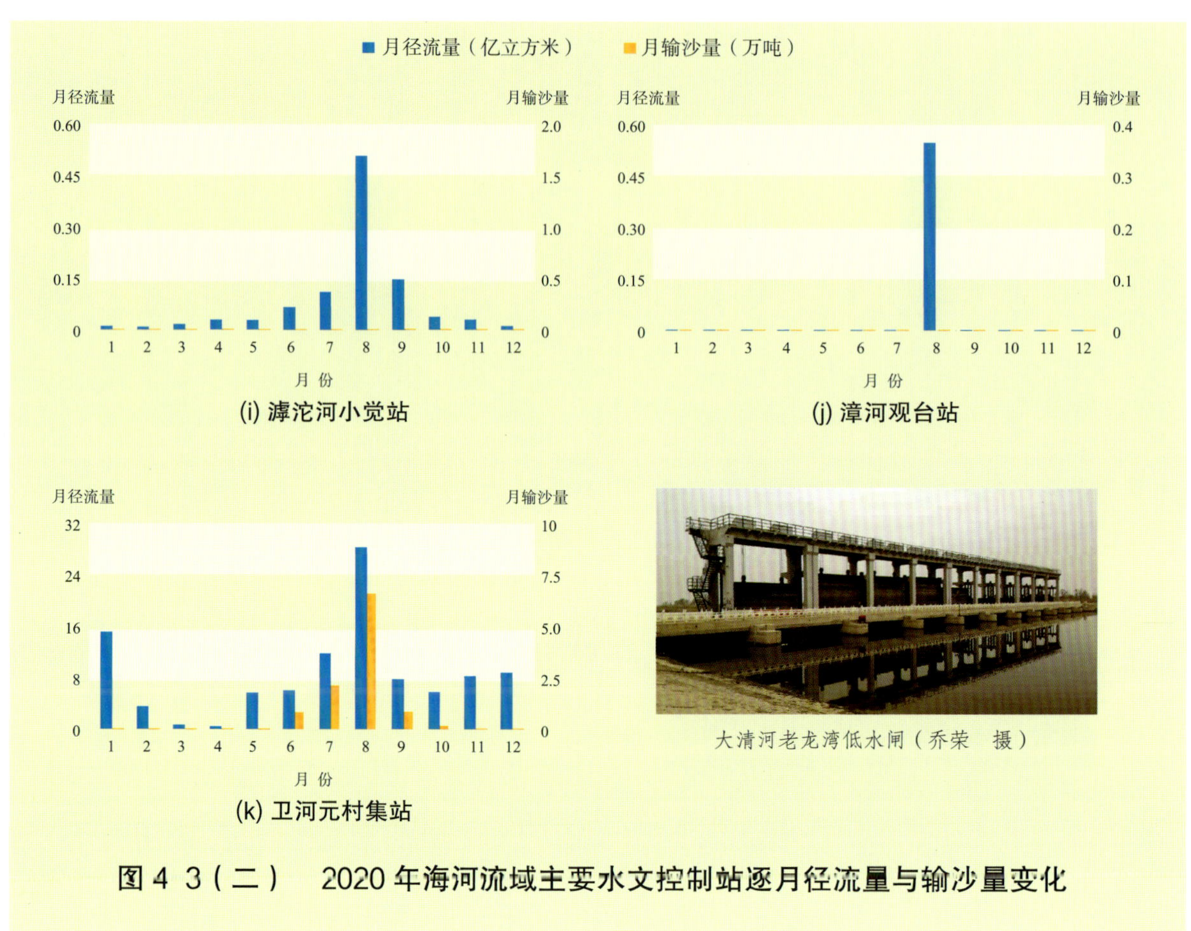

图 4 3（二）　2020 年海河流域主要水文控制站逐月径流量与输沙量变化

灵渠（姚章民　摄）

第五章　珠江

一、概述

2020 年珠江流域新增北盘江大渡口水文站、桂江平乐水文站、韩江潮安水文站和南渡江龙塘水文站。

2020 年珠江流域主要水文控制站实测水沙特征值与多年平均值比较，柳江柳州站和平乐站年径流量分别偏大 38% 和 33%，西江梧州、西江高要和浔江大湟江口各站基本持平，其他站偏小 6% ~ 60%；柳州站和平乐站年输沙量分别偏大 256% 和 37%，其他站偏小 23% ~ 98%。与近 10 年平均值比较，2020 年柳州站和平乐站径流量分别偏大 29% 和 12%，大渡口、红水河迁江、大湟江口、梧州和高要各站基本持平，其他站偏小 14% ~ 44%；柳州、大湟江口、平乐和梧州各站年输沙量偏大 13% ~ 116%，高要站基本持平，其他站偏小 12% ~ 90%。与上年度比较，2020 年大渡口站和柳州站径流量分别增大 6% 和 24%，迁江站和大湟江口站基本持平，其他站减小 9% ~ 54%；南盘江小龙潭、柳州、大湟江口和平乐各站年输沙量增大 10% ~ 127%，其他站减小 9% ~ 94%。

近 5 年珠江流域主要水文控制站年平均实测水沙特征值与多年平均值比较，迁江、南宁、石角和博罗各站年平均径流量基本持平，柳州、大湟江口、梧州、高要和平乐各站偏大 7% ~ 25%，其他站偏小 9% ~ 21%；柳州站年平均输沙量偏大 154%，平乐站持平，其他站偏小 28% ~ 97%。近 10 年水沙特征值与多年平均值比较，小龙潭、大渡口和迁江各站年平均径流量偏小 8% ~ 32%，柳州站和平乐站分别偏大 7% 和 19%，其他站基本持平；柳州站年平均输沙量偏大 65%，其他站偏小 6% ~ 97%。

梧州水文站断面中泓 2001—2010 年显著淤积，2011 年起总体上呈逐年下切趋势，2020 年略有回淤。

二、径流量与输沙量

（一）新增水文站径流量与输沙量历年变化

2020 年珠江流域新增水文站包括大渡口站、平乐站、潮安站和龙塘站。大渡口站为珠江流域西江一级支流北盘江上的控制水文站，位于贵州省水城县发耳乡新龙村，控制流域面积为 0.85 万平方公里；平乐站为西江一级支流桂江上的水文控制站，位于广西平乐县平乐镇裕丰村，控制流域面积为 1.22 万平方公里。

潮安站为韩江下游的水文控制站，位于广东省潮州市湘桥区金城巷 32 号，控制流域面积为 2.91 万平方公里。韩江是广东省除珠江流域以外的第二大流域，由主流梅江和最大支流汀江在广东省大埔县三河坝汇合而成，发源于广东省陆丰县与紫金县交界的乌凸山七星崇，至潮州市的湘子桥分北溪、东溪和西溪分别进入三角洲河网区，再分五个口门注入南海。韩江全长 486 公里，流域面积为 3.01 万平方公里。

龙塘站为南渡江下游控制水文站，位于海南省海口市琼山区龙塘镇，控制流域面积为 0.68 万平方公里。南渡江是海南省第一大河流，发源于海南省白沙黎族自治县南开乡南部的南峰山，干流斜贯海南岛中北部，最后在海口市流入琼州海峡。南渡江全长 334 公里，流域面积为 0.703 万平方公里。

大渡口、平乐、潮安和龙塘各站实测水沙特征值及历年径流量与输沙量变化分别见表 5-1 和图 5-1。

表 5-1　珠江流域新增水文站实测水沙特征值

河　　流		北盘江	桂　江	韩　江	南渡江
水文控制站		大渡口	平　乐	潮　安	龙　塘
控制流域面积（万平方公里）		0.85	1.22	2.91	0.68
年径流量（亿立方米）	多年平均	35.33（1963—2020 年）	129.4（1954—2020 年）	245.5（1955—2020 年）	56.38（1956—2020 年）
	最大值	66.35（1965 年）	219.9（1994 年）	478.0（1983 年）	93.30（1973 年）
	最小值	16.51（2013 年）	59.96（1963 年）	112.0（1963 年）	22.27（2015 年）
年输沙量（万吨）	多年平均	822（1965—2020 年）	139（1955—2020 年）	557（1955—2020 年）	33.0（1956—2020 年）
	最大值	2380（1983 年）	308（1994 年）	1750（1983 年）	103（1958 年）
	最小值	86.0（2016 年）	17.4（1963 年）	17.6（2020 年）	4.17（2020 年）
年平均含沙量（千克/立方米）	多年平均	2.34（1965—2020 年）	0.108（1955—2020 年）	0.227（1955—2020 年）	0.058（1956—2020 年）
	最大值	6.00（1982 年）	0.241（1971 年）	0.370（1983 年）	0.138（1958 年）
	最小值	0.302（2016 年）	0.025（1991 年）	0.013（2020 年）	0.014（2020 年）
输沙模数[吨/(年·平方公里)]	多年平均	970（1965—2020 年）	114（1955—2020 年）	191（1955—2020 年）	48.6（1956—2020 年）
	最大值	2800（1983 年）	252（1994 年）	601（1983 年）	151（1958 年）
	最大值	101（2016 年）	14.3（1963 年）	6.05（2020 年）	6.13（2020 年）

注　大渡口站泥沙 1966 年、1968 年、1970 年、1971 年、1975 年、1984—1986 年缺测或部分月缺测。

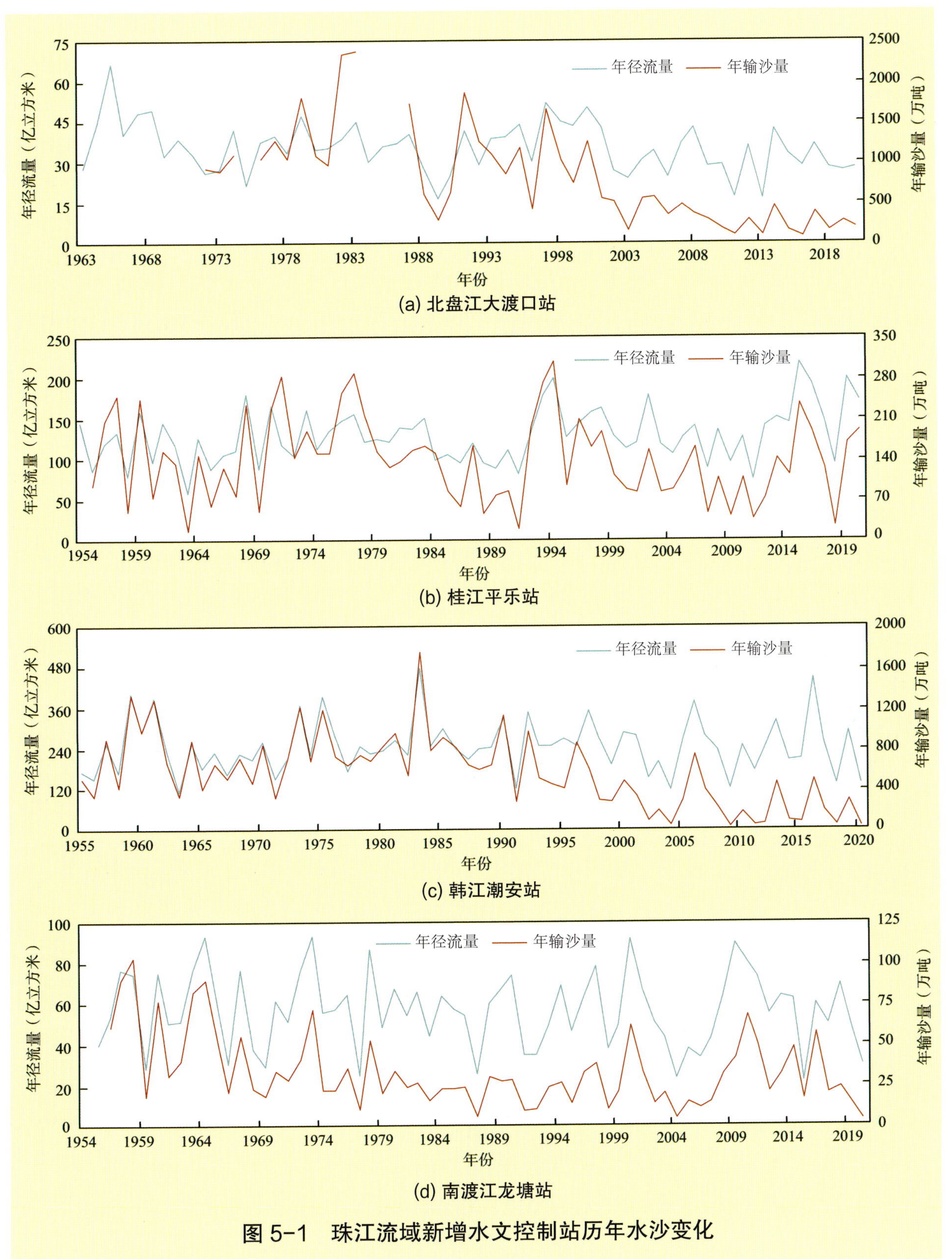

图 5-1 珠江流域新增水文控制站历年水沙变化

（二）2020 年实测水沙特征值

2020 年珠江流域主要水文控制站实测水沙特征值与多年平均值、近 10 年平均值及 2019 年值的比较见表 5-2 和图 5-2。

2020 年珠江流域主要水文控制站实测径流量与多年平均值比较，柳江柳州站和桂江平乐站分别偏大 38% 和 33%，西江梧州、西江高要和浔江大湟江口各站基本持平，

表 5-2　珠江流域主要水文控制站实测水沙特征值对比表

河流		南盘江	北盘江	红水河	柳江	郁江	浔江	桂江	西江	西江	北江	东江	韩江	南渡江
水文控制站		小龙潭	大渡口	迁江	柳州	南宁	大湟江口	平乐	梧州	高要	石角	博罗	潮安	龙塘
控制流域面积（万平方公里）		1.54	0.85	12.89	4.54	7.27	28.85	1.22	32.70	35.15	3.84	2.53	2.91	0.68
年径流量（亿立方米）	多年平均	35.36（1953—2020 年）	35.33（1963—2020 年）	646.9（1954—2020 年）	398.7（1954—2020 年）	368.2（1954—2020 年）	1706（1954—2020 年）	129.4（1954—2020 年）	2028（1954—2020 年）	2186（1957—2020 年）	417.8（1954—2020 年）	232.0（1954—2020 年）	245.5（1955—2020 年）	56.38（1956—2020 年）
	近 5 年平均	28.01	29.48	650.0	464.9	367.5	1829	161.1	2175	2340	426.7	244.5	203.3	51.29
	近 10 年平均	23.98	29.15	593.4	426.1	356.7	1717	153.6	2045	2212	421.0	223.7	240.3	53.28
	2019 年	19.04	26.51	614.5	445.1	398.9	1840	199.5	2252	2397	537.1	270.6	290.7	46.71
	2020 年	14.16	28.09	609.8	550.1	285.8	1754	171.5	2057	2173	364.0	157.1	134.1	29.93
年输沙量（万吨）	多年平均	427（1964—2020 年）	822（1965—2020 年）	3280（1954—2020 年）	570（1955—2020 年）	770（1954—2020 年）	4760（1954—2020 年）	139（1955—2020 年）	5280（1954—2020 年）	5650（1957—2020 年）	525（1954—2020 年）	217（1954—2020 年）	557（1955—2020 年）	33.0（1956—2020 年）
	近 5 年平均	206	217	103	1450	214	1710	139	1690	2030	369	110	131	23.7
	近 10 年平均	215	218	104	938	265	1480	130	1450	1740	464	91.4	170	28.7
	2019 年	128	272	163	894	259	1540	169	1800	2460	488	160	287	13.3
	2020 年	158	191	72.1	2030	83.4	1700	191	1640	1830	404	44.3	17.6	4.17
年平均含沙量（千克/立方米）	多年平均	1.21（1964—2020 年）	2.34（1965—2020 年）	0.507（1954—2020 年）	0.145（1955—2020 年）	0.209（1954—2020 年）	0.279（1954—2020 年）	0.108（1955—2020 年）	0.260（1954—2020 年）	0.258（1957—2020 年）	0.127（1954—2020 年）	0.094（1954—2020 年）	0.227（1955—2020 年）	0.058（1956—2020 年）
	2019 年	0.673	1.03	0.027	0.201	0.065	0.084	0.085	0.080	0.102	0.091	0.059	0.099	0.029
	2020 年	1.12	0.680	0.012	0.369	0.029	0.097	0.111	0.080	0.084	0.111	0.028	0.013	0.014
输沙模数［吨/（年·平方公里）］	多年平均	277（1964—2020 年）	970（1965—2020 年）	254（1954—2020 年）	126（1955—2020 年）	106（1954—2020 年）	165（1954—2020 年）	114（1955—2020 年）	161（1954—2020 年）	161（1957—2020 年）	137（1954—2020 年）	85.5（1954—2020 年）	191（1955—2020 年）	48.6（1956—2020 年）
	2019 年	83.3	322	12.6	197	35.6	53.4	139	55.0	70.0	127	63.2	98.6	19.6
	2020 年	103	226	5.60	447	11.5	58.9	157	50.2	52.1	105	17.5	6.00	6.10

注　大渡口站泥沙 1966 年、1968 年、1970 年、1971 年、1975 年、1984—1986 年缺测或部分月缺测。

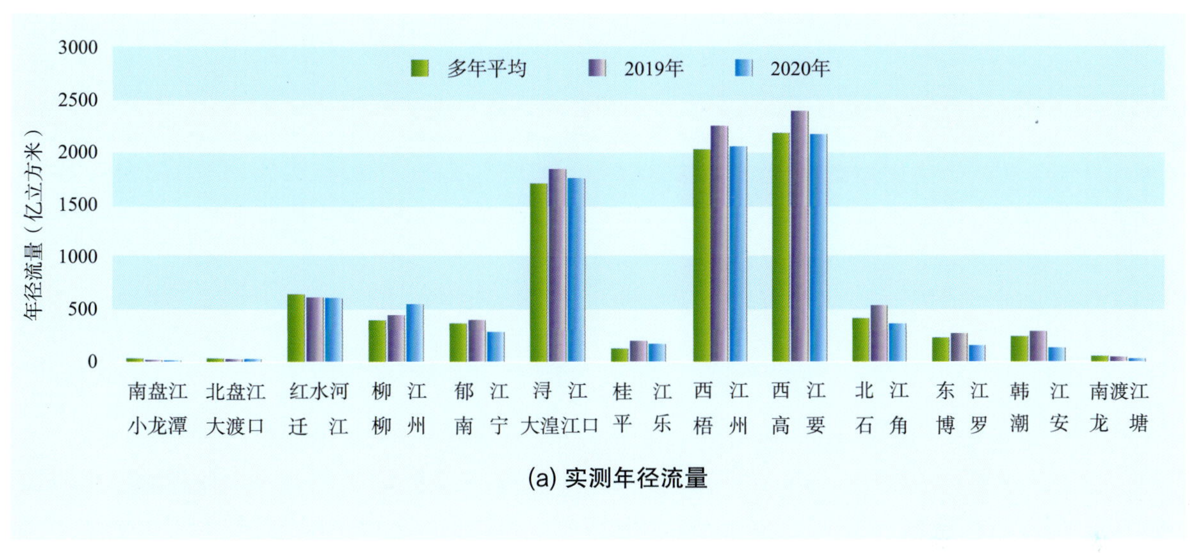

(a) 实测年径流量

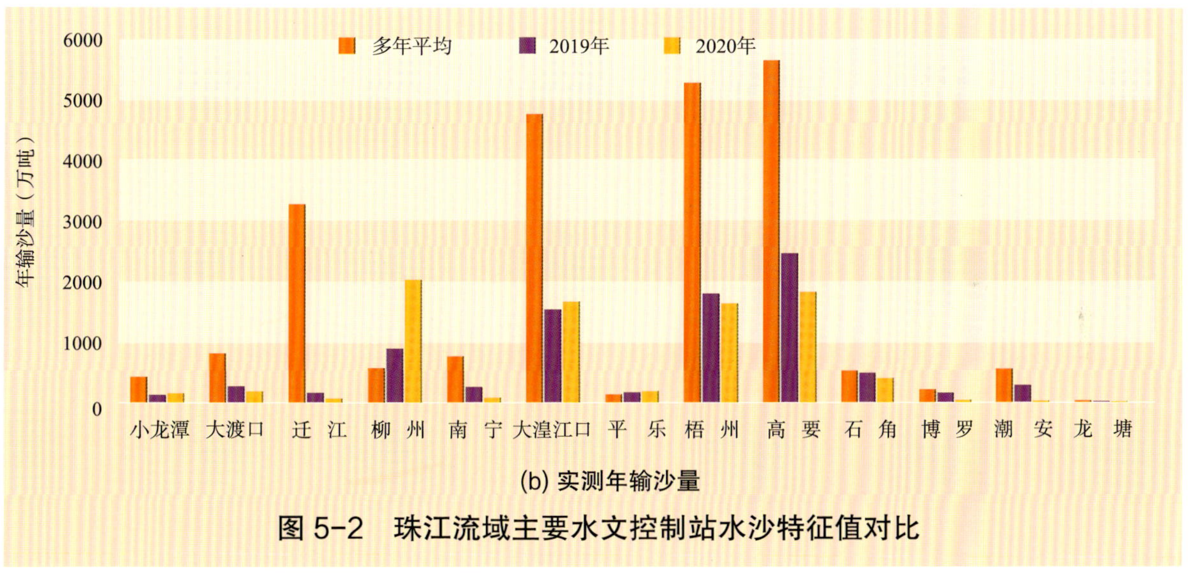

(b) 实测年输沙量

图 5-2　珠江流域主要水文控制站水沙特征值对比

南盘江小龙潭、北盘江大渡口、红水河迁江、郁江南宁、北江石角、东江博罗、韩江潮安和南渡江龙塘各站分别偏小 60%、20%、6%、22%、13%、32%、45% 和 47%；与近 10 年平均值比较，柳州站和平乐站年径流量分别偏大 29% 和 12%，大渡口、迁江、大湟江口、梧州和高要各站基本持平，小龙潭、南宁、石角、博罗、潮安和龙塘各站分别偏小 41%、20%、14%、30%、44% 和 44%；与上年度比较，大渡口站和柳州站年径流量分别增大 6% 和 24%，迁江站和大湟江口站基本持平，小龙潭、南宁、平乐、梧州、高要、石角、博罗、潮安和龙塘各站分别减小 26%、28%、14%、9%、9%、32%、42%、54% 和 36%。

2020 年珠江流域主要水文控制站实测输沙量与多年平均值比较，柳州站和平乐站分别偏大 256% 和 37%，小龙潭、大渡口、迁江、南宁、大湟江口、梧州、高要、石角、博罗、潮安和龙塘各站分别偏小 63%、77%、98%、89%、64%、69%、68%、23%、80%、97% 和 87%；与近 10 年平均值比较，柳州、大湟江口、平乐和梧州各站年输沙量分别偏大 116%、15%、47% 和 13%，高要站基本持平，小龙潭、大渡口、迁江、南宁、石角、博罗、潮安和龙塘各站分别偏小 26%、12%、31%、69%、13%、52%、90% 和 85%；与上年度比较，小龙潭、柳州、大湟江口和平乐各站年输沙量分别增大 23%、127%、10% 和 13%，大渡口、迁江、南宁、梧州、高要、石角、博罗、潮安和龙塘各站分别减小 30%、56%、68%、9%、26%、17%、72%、94% 和 69%。

近 5 年珠江流域主要水文控制站年平均实测水沙特征值与多年平均值比较，迁江、南宁、石角和博罗各站年平均径流量基本持平，柳州、大湟江口、梧州、高要和平乐各站分别偏大 17%、7%、7%、7% 和 25%，小龙潭、大渡口、潮安和龙塘各站分别偏小 21%、17%、17% 和 9%；柳州站年平均输沙量偏大 154%，平乐站基本持平，小龙潭、大渡口、迁江、南宁、大湟江口、梧州、高要、石角、博罗、潮安和龙塘各站分别偏小 52%、73%、97%、72%、64%、68%、64%、30%、49%、76% 和 28%。近 10 年实测水沙特征值与多年平均值比较，小龙潭、大渡口和迁江各站年平均径流量分别偏小 32%、17% 和 8%，柳州站和平乐站分别偏大 7% 和 19%，其他站基本持平；柳州站年平均输沙量偏大 65%，小龙潭、大渡口、迁江、南宁、大湟江口、平乐、梧州、高要、石角、博罗、潮安和龙塘各站分别偏小 50%、73%、97%、66%、69%、6%、73%、69%、12%、58%、69% 和 13%。

（三）径流量与输沙量年内变化

2020 年珠江流域主要水文控制站逐月径流量与输沙量的变化见图 5-3。珠江流域主要水文控制站径流量与输沙量时空分布不匀，平乐站径流量和输沙量主要集中在 2—7 月，分别占全年的 82% 和 99%；石角站和博罗站径流量和输沙量主要集中在 3—8 月，径流量分别占全年的 79% 和 59%，输沙量分别占全年的 97% 和 87%；梧州、高要和潮安各站径流量和输沙量主要集中在 4—9 月，分别占全年的 65%～70% 和 87%～94%；柳州、南宁和大湟江口各站径流量和输沙量主要集中在 5—10 月，分别占全年的 67%～82% 和 85%～99%；小龙潭、大渡口和迁江各站径流量和输沙量主要集中在 6—11 月，分别占全年的 61%～79% 和 94%～100%；龙塘站径流量和输沙量主要集中在 7—12 月，分别占全年的 70% 和 77%。

图 5-3（一） 2020 年珠江流域主要水文控制站逐月径流量与输沙量变化

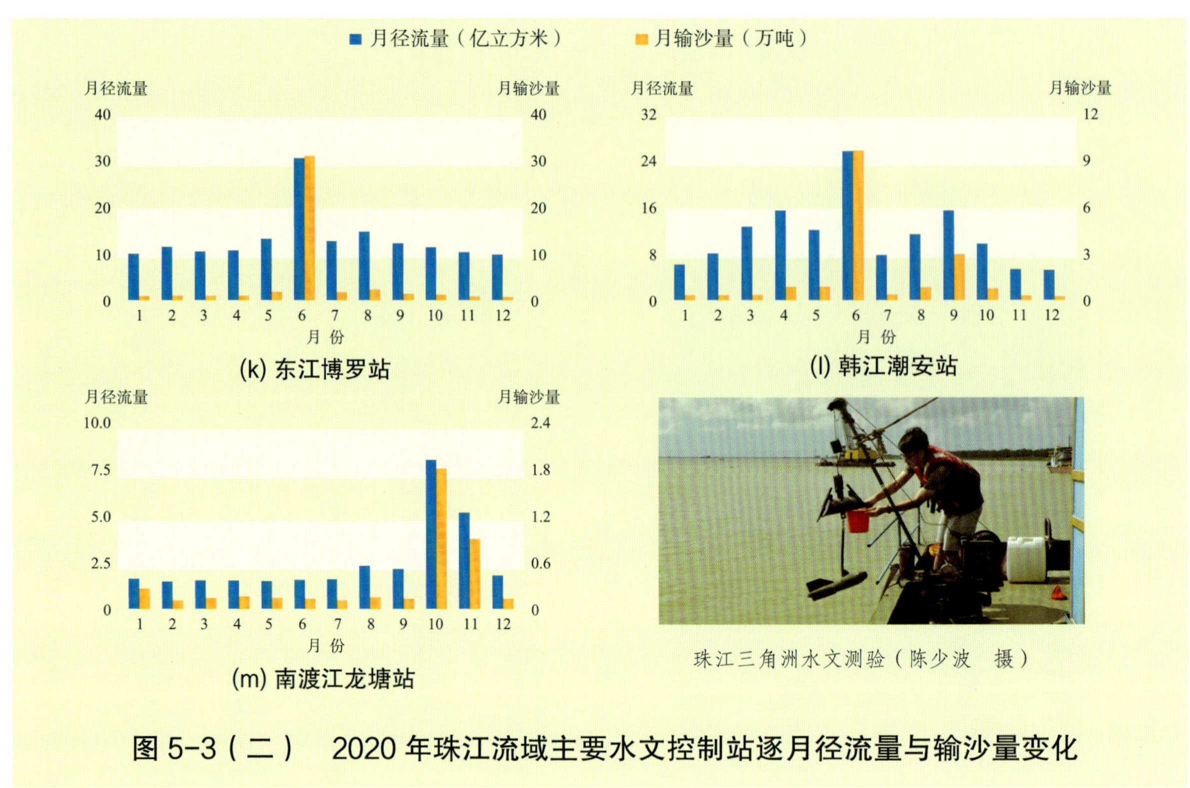

珠江三角洲水文测验（陈少波　摄）

图 5-3（二）　2020 年珠江流域主要水文控制站逐月径流量与输沙量变化

（四）洪水泥沙

珠江流域 2020 年发生 2 次编号洪水，2 次洪水的水沙特征值见表 5-3。

表 5-3　2020 年珠江流域洪水泥沙特征值

河流	洪水编号	水文站	洪水径流量（亿立方米）	洪水输沙量（万吨）	洪峰流量		最大含沙量	
					流量（立方米/秒）	发生时间（月.日 时:分）	含沙量（千克/立方米）	发生时间（月.日 时:分）
西江	1	梧州	173.9	739	31900	6.8 18:19	0.654	6.8 12:30
北江	1	石角	52.14	248	13900	6.10 16:00	0.942	6.10 17:10

注　表内洪水径流量和洪水输沙量均为最大 7 天（6 月 7—13 日）的量。

三、典型断面冲淤变化

梧州水文站是珠江流域西江干流的重要控制站，属于国家重要水文测站，占西江水系控制流域面积的 94.6%，控制了广西境内 85% 的来水，该站上游左岸 2.0 公里为桂江汇入口，上游 14 公里为长洲水利枢纽，断面距河口约 350 公里。

梧州水文站断面冲淤变化见图 5-4。该站断面自 2001 年至 2010 年深泓显著淤高约

15.1 米，而后深泓总体上呈下切趋势，至 2019 年深泓下切约 8.4 米。与 2019 年相比，2020 年略有回淤。

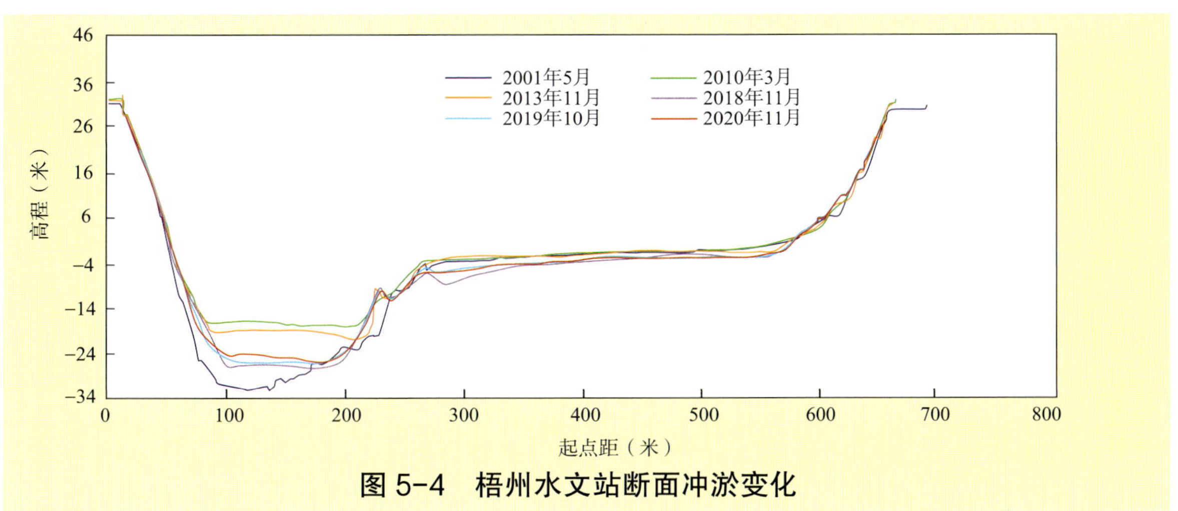

图 5-4　梧州水文站断面冲淤变化

辽河干流六间房河段

第六章　松花江与辽河

一、概述

（一）松花江

2020 年松花江流域新增呼兰河秦家水文站和牡丹江牡丹江水文站。

2020 年松花江流域主要水文控制站实测径流量与多年平均值比较，各站偏大 27% ~ 71%；与近 10 年平均值比较，各站偏大 19% ~ 57%；与上年度比较，呼兰河秦家站减小 19%，其他站增大 9% ~ 42%。

2020 年松花江流域主要水文控制站实测输沙量与多年平均值比较，第二松花江扶余站和干流哈尔滨站分别偏小 63% 和 13%，其他站偏大 71% ~ 444%；与近 10 年平均值比较，嫩江江桥站基本持平，扶余站偏小 24%，其他站偏大 41% ~ 353%；与上年度比较，江桥站和哈尔滨站基本持平，其他站增大 6% ~ 424%。

近 5 年松花江流域主要水文控制站年平均实测水沙特征值与多年平均值比较，江桥、大赉和哈尔滨各站年平均径流量基本持平，其他站偏大 8% ~ 32%；江桥站年平均输沙量基本持平，扶余站和哈尔滨站分别偏小 55% 和 44%，其他站偏大 11% ~ 92%。近 10 年实测水沙特征值与多年平均值比较，大赉、扶余和哈尔滨各站年平均径流量基本持平，其他站偏大 9% ~ 23%；佳木斯站年平均输沙量基本持平，扶余站和哈尔滨站分别偏小 51% 和 41%，其他站偏大 14% ~ 99%。

2020 年度嫩江江桥水文站断面右侧主槽起点 200 ~ 300 米范围略有冲刷下切。

（二）辽河

2020 年辽河流域新增东辽河王奔水文站、太子河唐马寨水文站和浑河邢家窝棚水文站。

2020 年辽河流域主要水文控制站实测径流量与多年平均值比较，老哈河兴隆坡、西拉木伦河巴林桥和柳河新民各站偏小 26% ~ 93%，太子河唐马寨站和干流铁岭站基本持平，其他站偏大 6% ~ 89%；与近 10 年平均值比较，兴隆坡站和巴林桥站分别偏小 46% 和 13%，其他站偏大 6% ~ 36%；与上年度比较，兴隆坡、巴林桥和王奔各站减小 6% ~ 22%，六间房站基本持平，其他站增大 11% ~ 48%。

2020 年辽河流域主要水文控制站实测输沙量与多年平均值比较，兴隆坡站偏小近 100%，其他站偏小 54% ~ 88%；与近 10 年平均值比较，兴隆坡、巴林桥、王奔和新民各站偏小 13% ~ 33%，唐马寨站基本持平，其他站偏大 8% ~ 41%；与上年度比较，兴隆坡、巴林桥、唐马寨和邢家窝棚各站增大 86% ~ 846%；其他站减小 11% ~ 65%。

近 5 年辽河流域主要水文控制站年平均实测水沙特征值与多年平均值比较，王奔站年平均径流量偏大 44%，其他站偏小 10% ~ 90%；各站年平均输沙量偏小 52% ~ 100%。近 10 年水沙特征值与多年平均值比较，王奔站年平均径流量增加 39%，唐马寨站和邢家窝棚站基本持平，其他站偏小 9% ~ 88%；各站年平均输沙量偏小 35% ~ 100%。

2020 年辽河干流六间房水文站断面汛期略有淤积。

二、径流量与输沙量

（一）松花江

1. 新增水文站径流量与输沙量历年变化

2020 年松花江流域新增水文站包括秦家水文站和牡丹江水文站。秦家站是呼兰河中下游的水文控制站，位于黑龙江省绥化市北林区东富乡，控制流域面积为 0.98 万平方公里，1934 年 11 月设水位站，1945 年 7 月停测，1949 年 8 月恢复观测，1952 年 7 月升级为水文站，2005 年 1 月水文站断面下迁 1900 米。牡丹江站是牡丹江上的水文控制站，位于黑龙江省牡丹江市东安区兴隆街道，控制流域面积为 2.22 万平方公里，1934 年 2 月设水位站，1945 年 7 月停测，1949 年 9 月恢复观测，1954 年 1 月升级为水文站，2004 年水文站断面上迁 842 米。秦家站和牡丹江站实测水沙特征值及历年径流量与输沙量变化分别见表 6-1 和图 6-1。

2. 2020 年实测水沙特征值

2020 年松花江流域主要水文控制站实测水沙特征值与多年平均值、近 10 年平均值及 2019 年值的比较见表 6-2 和图 6-2。

2020 年松花江流域主要水文控制站实测径流量与多年平均值比较，嫩江江桥、嫩江大赉、第二松花江扶余、干流哈尔滨、干流佳木斯、呼兰河秦家和牡丹江牡丹江各

表 6-1 松花江流域新增水文控制站实测水沙特征值

河 流		呼兰河	牡丹江
水文控制站		秦 家	牡丹江
控制流域面积（万平方公里）		0.98	2.22
年径流量（亿立方米）	多年平均	22.01（2005—2020 年）	50.80（2005—2020 年）
	最大值	39.63（2019 年）	86.95（2020 年）
	最小值	2.54（2008 年）	30.93（2011 年）
年输沙量（万吨）	多年平均	17.0（2005—2020 年）	105（2005—2020 年）
	最大值	38.4（2020 年）	571（2020 年）
	最小值	0.336（2008 年）	20.5（2015 年）
年平均含沙量（千克 / 立方米）	多年平均	0.077（2005—2020 年）	0.207（2005—2020 年）
	最大值	0.144（2010 年）	0.653（2020 年）
	最小值	0.013（2008 年）	0.059（2015 年）
输沙模数 [吨 /(年 · 平方公里)]	多年平均	17.3（2005—2020 年）	47.3（2005—2020 年）
	最大值	39.2（2020 年）	257（2020 年）
	最小值	0.342（2008 年）	9.24（2015 年）

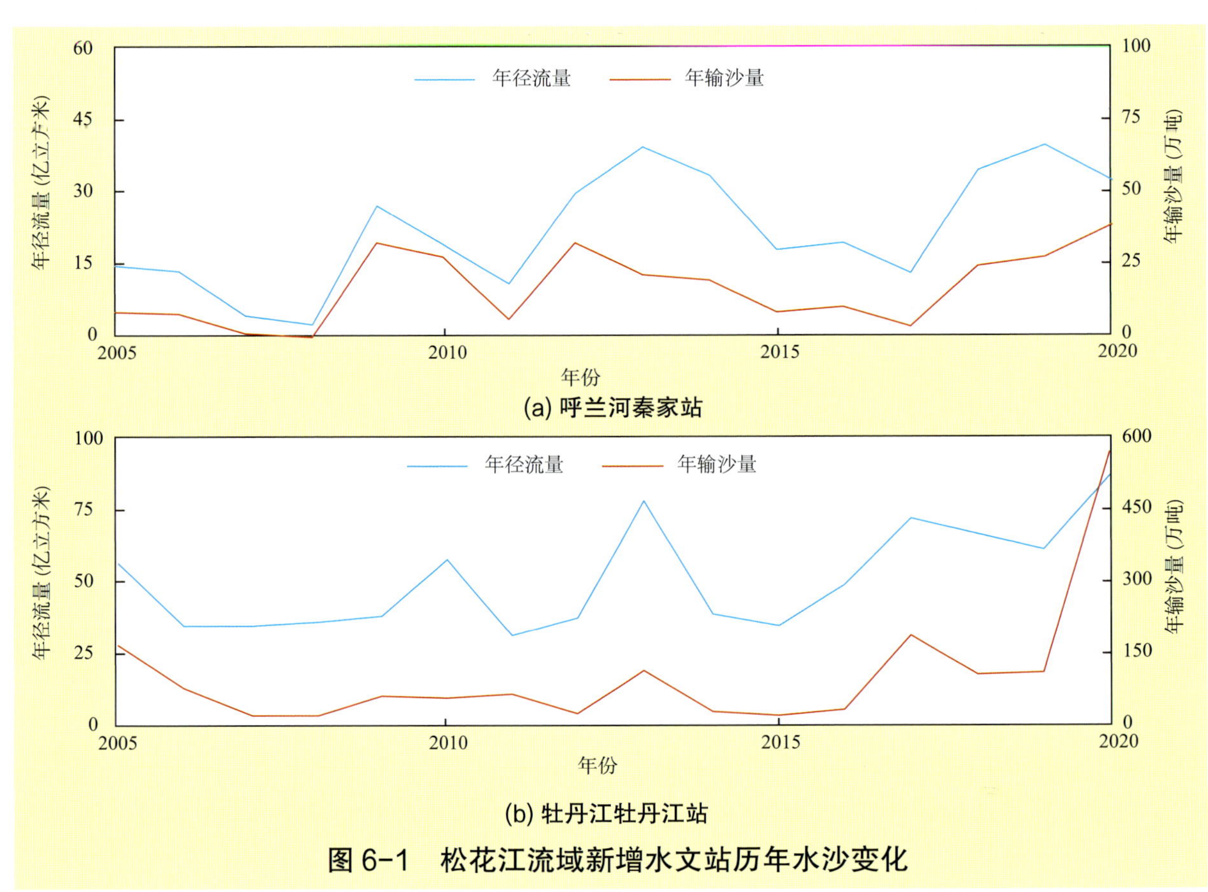

图 6-1 松花江流域新增水文站历年水沙变化

站分别偏大 62%、62%、27%、48%、67%、46% 和 71%；与近 10 年平均值比较，上述各站分别偏大 49%、55%、22%、45%、52%、19% 和 57%；与上年度比较，江桥、大赉、扶余、哈尔滨、佳木斯和牡丹江各站分别增大 16%、22%、41%、28%、9% 和 42%，秦家站减小 19%。

2020 年松花江流域主要水文控制站实测输沙量与多年平均值比较，江桥、大赉、佳木斯、秦家和牡丹江各站分别偏大 71%、182%、88%、126% 和 444%，扶余站和哈尔滨站分别偏小 63% 和 13%；与近 10 年平均值比较，江桥站基本持平，扶余站减少 24%，大赉、哈尔滨、佳木斯、秦家和牡丹江各站分别偏大 41%、46%、88%、98% 和 353%；与上年度比较，江桥站和哈尔滨站基本持平，大赉、扶余、佳木斯、秦家和牡丹江各站分别增大 6%、49%、30%、40% 和 424%。

近 5 年松花江流域主要水文控制站年平均实测水沙特征值与多年平均值比较，江桥、大赉和哈尔滨各站年平均径流量基本持平，扶余、佳木斯、秦家和牡丹江各站分别偏大 8%、18%、27% 和 32%；江桥站年平均输沙量基本持平，扶余站和哈尔滨站分

表 6-2　松花江流域主要水文控制站实测水沙特征值对比表

河　流		嫩　江	嫩　江	第二松花江	松花江干流	松花江干流	呼兰河	牡丹江
水文控制站		江　桥	大　赉	扶　余	哈尔滨	佳木斯	秦　家	牡丹江
控制流域面积（万平方公里）		16.26	22.17	7.18	38.98	52.83	0.98	2.22
年径流量（亿立方米）	多年平均	205.5（1955—2020 年）	207.5（1955—2020 年）	148.7（1955—2020 年）	407.4（1955—2020 年）	643.4（1955—2020 年）	22.01（2005—2020 年）	50.80（2005—2020 年）
	近 5 年平均	204.1	196.8	160.3	406.4	758.9	27.85	67.10
	近 10 年平均	223.0	216.4	155.4	413.9	707.2	27.02	55.51
	2019 年	288.0	274.2	134.4	470.8	985.6	39.63	61.19
	2020 年	332.8	335.7	189.1	601.2	1076	32.12	86.95
年输沙量（万吨）	多年平均	219（1955—2020 年）	176（1955—2020 年）	189（1955—2020 年）	570（1955—2020 年）	1260（1955—2020 年）	17.0（2005—2020 年）	105（2005—2020 年）
	近 5 年平均	228	253	84.3	321	1400	21.0	202
	近 10 年平均	361	351	95.0	339	1260	19.4	126
	2019 年	393	469	47.1	481	1820	27.5	109
	2020 年	374	496	70.1	494	2370	38.4	571
年平均含沙量（千克/立方米）	多年平均	0.107（1955—2020 年）	0.085（1955—2020 年）	0.127（1955—2020 年）	0.140（1955—2020 年）	0.196（1955—2020 年）	0.077（2005—2020 年）	0.207（2005—2020 年）
	2019 年	0.136	0.171	0.035	0.102	0.185	0.069	0.178
	2020 年	0.112	0.148	0.037	0.082	0.220	0.120	0.657
输沙模数[吨/(年·平方公里)]	多年平均	13.5（1955—2020 年）	7.94（1955—2020 年）	26.3（1955—2020 年）	14.6（1955—2020 年）	23.9（1955—2020 年）	17.3（2005—2020 年）	47.3（2005—2020 年）
	2019 年	24.2	21.2	6.56	12.3	34.5	28.1	49.1
	2020 年	23.0	22.4	9.76	12.7	44.9	39.2	257

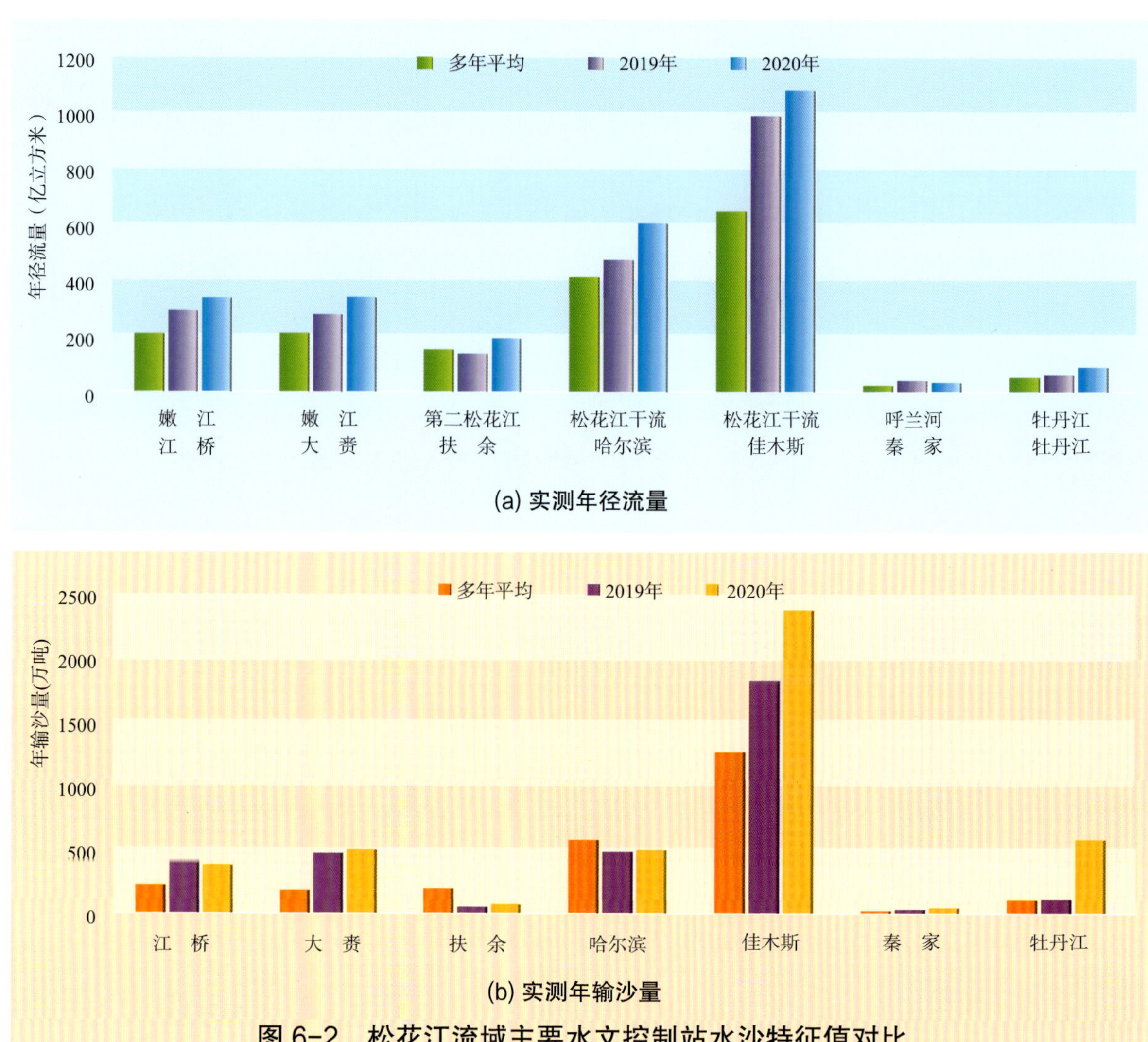

图 6-2　松花江流域主要水文控制站水沙特征值对比

别偏小 55% 和 44%，大赉、佳木斯、秦家和牡丹江各站分别偏大 44%、11%、23% 和 92%。近 10 年实测水沙特征值与多年平均值比较，大赉、扶余和哈尔滨各站年平均径流量基本持平，江桥、佳木斯、秦家和牡丹江各站分别偏大 9%、10%、23% 和 9%；佳木斯站年平均输沙量基本持平，扶余站和哈尔滨站分别偏小 51% 和 41%，江桥、大赉、秦家和牡丹江各站分别偏大 65%、99%、14% 和 20%。

3. 径流量与输沙量年内变化

2020 年松花江流域主要水文控制站逐月径流量与输沙量的变化见图 6-3。2020 年松花江流域各站径流量和输沙量年内分布差异不大，主要集中在 6—11 月，分别占全年的 63%～90% 和 83%～99%。

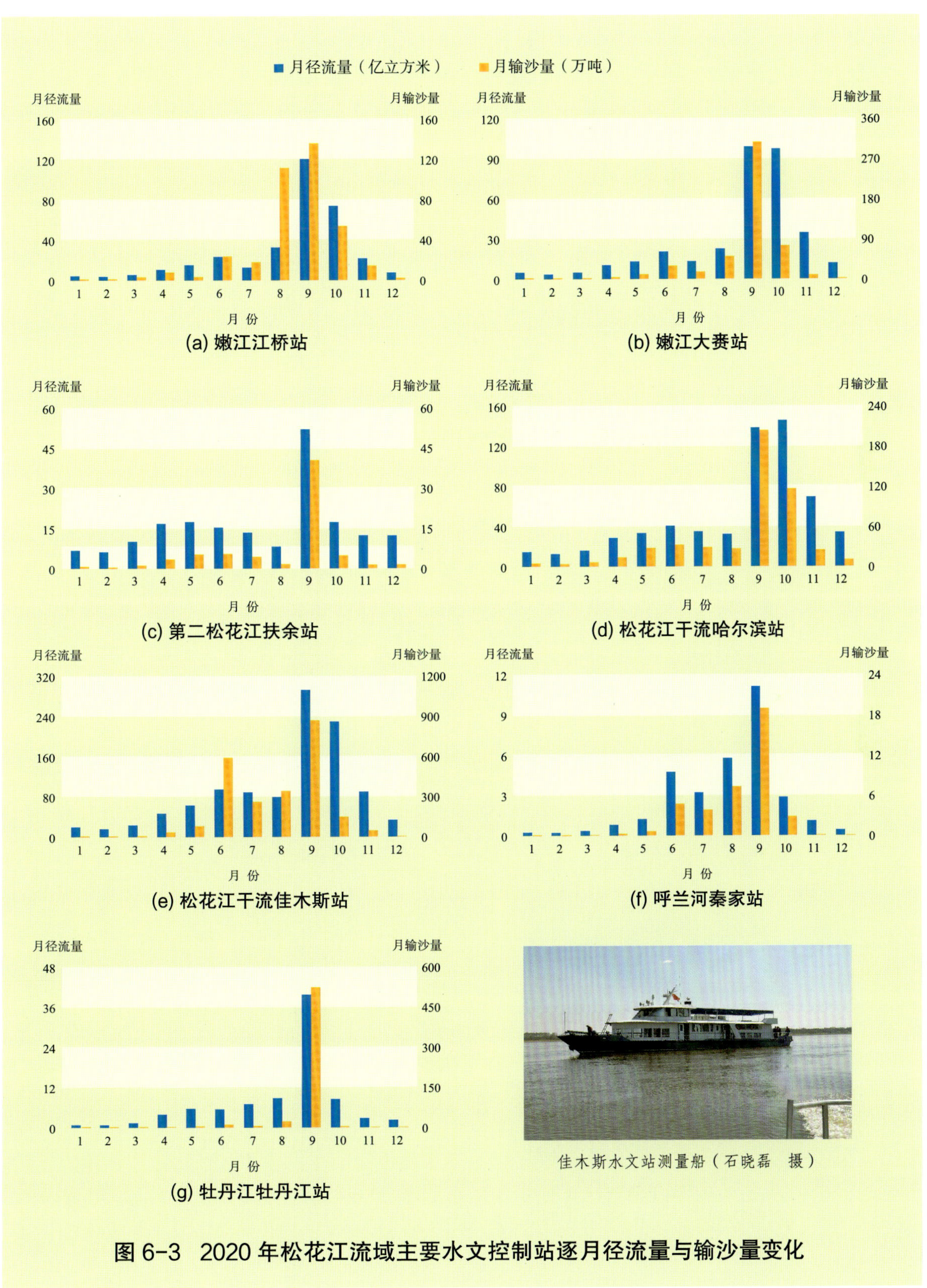

佳木斯水文站测量船（石晓磊　摄）

图 6-3　2020 年松花江流域主要水文控制站逐月径流量与输沙量变化

4. 洪水泥沙

松花江流域2020年发生2次编号洪水，1号和2号洪水的水沙特征值见表6-3。

表 6-3　2020 年松花江流域洪水泥沙特征值

河流	洪水编号	水文站	洪水起止时间（月.日）	径流量（亿立方米）	输沙量（万吨）	洪峰流量		最大含沙量	
						流量（立方米/秒）	发生时间（月.日 时:分）	含沙量（千克/立方米）	发生时间（月.日 时:分）
松花江干流	1	佳木斯	9.8—9.21	152.2	479	15300	9.11 20:00	0.843	9.10 08:00
	2	哈尔滨	9.15—10.16	187.9	237	8390	9.24 12:00	0.243	9.20 08:30

（二）辽河

1. 新增水文站径流量与输沙量历年变化

2020年辽河流域新增水文站包括王奔水文站、唐马寨水文站和邢家窝棚水文站。王奔站为东辽河的水文控制站，位于吉林省双辽市王奔镇高产村，至河口距离为81

表 6-4　辽河流域新增水文站实测水沙特征值

河　　流		东辽河	太子河	浑　　河
水文控制站		王　奔	唐马寨	邢家窝棚
控制流域面积（万平方公里）		1.04	1.12	1.11
年径流量（亿立方米）	多年平均	5.501（1989—2020年）	24.23（1963—2020年）	19.31（1955—2020年）
	最大值	17.51（2013年）	62.70（2010年）	67.06（1995年）
	最小值	0.242（2002年）	7.143（1980年）	4.147（1989年）
年输沙量（万吨）	多年平均	41.7（1989—2020年）	94.7（1963—2020年）	72.7（1955—2020年）
	最大值	230（1994年）	441（1964年）	535（1960年）
	最小值	0.253（2002年）	7.62（2018年）	2.22（2000年）
年平均含沙量（千克/立方米）	多年平均	0.758（1989—2020年）	0.391（1963—2020年）	0.376（1955—2020年）
	最大值	1.95（1994年）	1.05（1967年）	1.29（1960年）
	最小值	0.084（2004年）	0.054（2018年）	0.045（1955年）
年平均中数粒径（毫米）	多年平均		0.036（1963—2020年）	0.044（1955—2020年）
	最大值		0.059（1990年）	0.070（1984年）
	最小值		0.017（2013年）	0.014（1995年）
输沙模数[吨/(年·平方公里)]	多年平均	40.1（1989—2020年）	84.6（1963—2020年）	65.5（1955—2020年）
	最大值	221（1994年）	394（1964年）	482（1960年）
	最小值	0.243（2002年）	6.80（2018年）	2.00（2000年）

公里，控制流域面积为 1.04 万平方公里，1989 年 1 月从上游 6 公里处迁移至现位置，测站名称由太平站变更为王奔站。唐马寨站是太子河下游的重要水文控制站，位于辽阳县唐马寨镇唐马寨村，控制流域面积为 1.12 万平方公里，至太子河河口 65 公里。邢家窝棚站是浑河下游重要水文控制站，位于辽阳县唐马寨镇刘坨子村，控制流域面积为 1.11 万平方公里，至浑河河口 57 公里。

王奔、唐马寨和邢家窝棚各站实测水沙特征值及历年径流量与输沙量变化分别见表 6-4 和图 6-4。

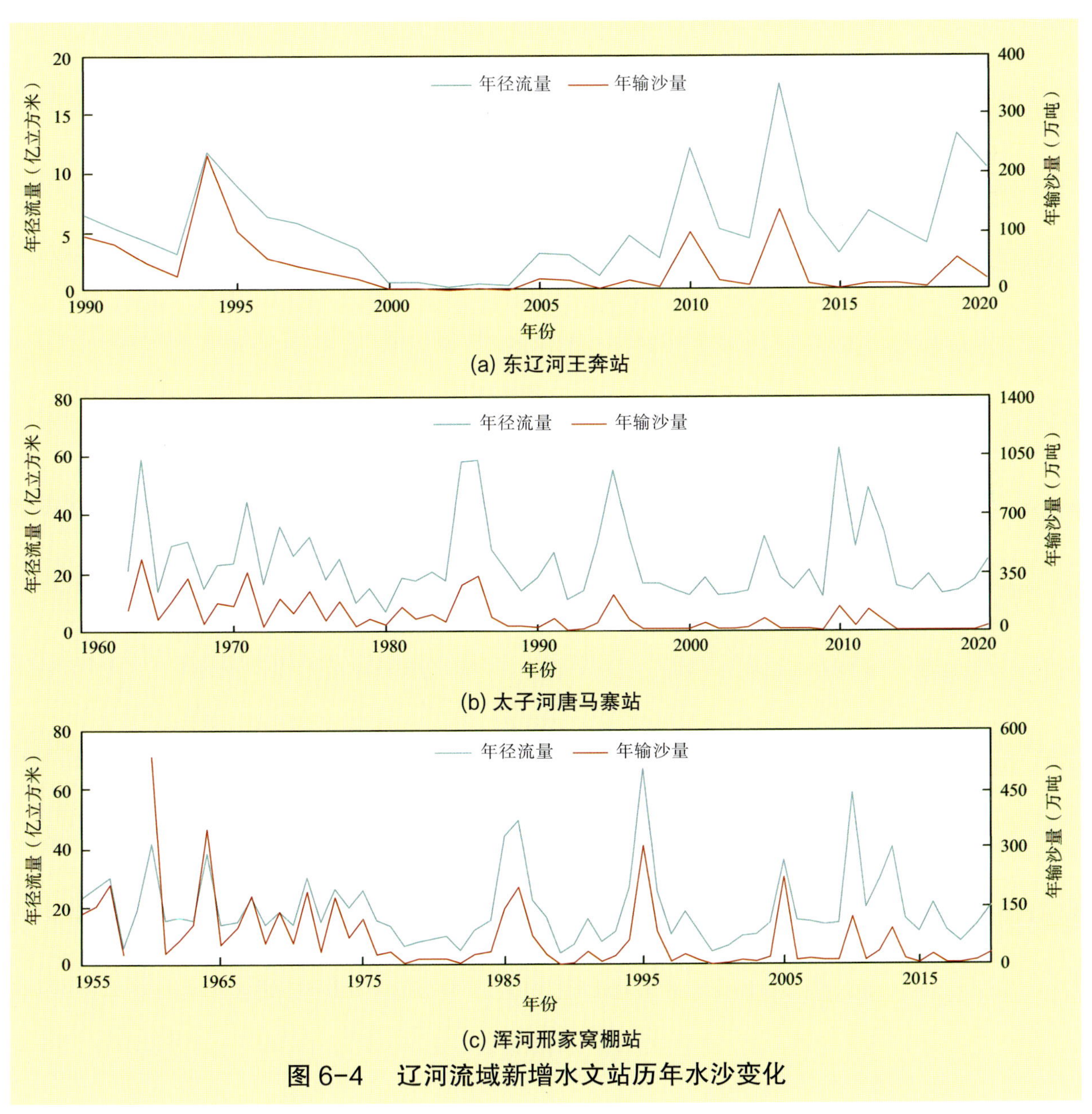

(a) 东辽河王奔站

(b) 太子河唐马寨站

(c) 浑河邢家窝棚站

图 6-4　辽河流域新增水文站历年水沙变化

2. 2020 年实测水沙特征值

2020 年辽河流域主要水文控制站水沙特征值与多年平均值、近 10 年平均值及 2019 年值的比较见表 6-5 和图 6-5。

2020 年辽河流域主要水文控制站实测径流量与多年平均值比较，老哈河兴隆坡、西拉木伦河巴林桥和柳河新民各站分别偏小 93%、26% 和 43%，太子河唐马寨站和干流铁岭站基本持平，东辽河王奔、浑河邢家窝棚和干流六间房各站分别偏大 89%、6% 和 15%；与近 10 年平均值比较，兴隆坡站和巴林桥站分别偏小 46% 和 13%，王奔、新民、唐马寨、邢家窝棚、铁岭和六间房各站分别偏大 36%、28%、6%、7%、33%

表 6-5　辽河流域主要水文控制站实测水沙特征值对比表

河　流		老哈河	西拉木伦河	东辽河	柳　河	太子河	浑　河	辽河干流	辽河干流
水文控制站		兴隆坡	巴林桥	王　奔	新　民	唐马寨	邢家窝棚	铁　岭	六间房
控制流域面积（万平方公里）		1.91	1.12	1.04	0.56	1.12	1.11	12.08	13.65
年径流量（亿立方米）	多年平均	4.306（1963—2020 年）	3.141（1994—2020 年）	5.501（1989—2020 年）	1.988（1965—2020 年）	24.23（1963—2020 年）	19.31（1955—2020 年）	28.62（1954—2020 年）	28.27（1987—2020 年）
	近 5 年平均	0.4320	2.833	7.906	1.016	17.89	15.11	21.42	23.04
	近 10 年平均	0.5347	2.667	7.615	0.8860	23.16	19.15	22.68	25.69
	2019 年	0.3367	2.452	13.29	1.022	17.73	13.83	25.80	31.08
	2020 年	0.2877	2.316	10.37	1.137	24.62	20.43	30.13	32.50
年输沙量（万吨）	多年平均	1150（1963—2020 年）	388（1994—2020 年）	41.7（1989—2020 年）	331（1965—2020 年）	94.7（1963—2020 年）	72.7（1955—2020 年）	992（1954—2020 年）	337（1987—2020 年）
	近 5 年平均	5.05	185	19.9	82.4	16.1	17.8	89.0	111
	近 10 年平均	5.10	201	27.0	52.2	33.0	25.2	91.6	144
	2019 年	0.355	94.3	54.1	43.6	15.2	13.7	156	179
	2020 年	3.36	175	18.8	38.9	34.1	32.1	129	156
年平均含沙量（千克/立方米）	多年平均	26.7（1963—2020 年）	12.4（1994—2020 年）	0.758（1989—2020 年）	16.6（1965—2020 年）	0.391（1963—2020 年）	0.376（1955—2020 年）	3.47（1954—2020 年）	1.19（1987—2020 年）
	2019 年	0.105	3.85	0.407	4.27	0.086	0.099	0.605	0.576
	2020 年	1.17	7.56	0.181	3.42	0.139	0.157	0.428	0.480
年平均中数粒径（毫米）	多年平均	0.023（1982—2020 年）	0.022（1994—2020 年）			0.036（1963—2020 年）	0.044（1955—2020 年）	0.029（1962—2020 年）	
	2019 年	0.006	0.003			0.035	0.044	0.020	
	2020 年	0.013	0.024			0.029	0.034	0.031	
输沙模数[吨/(年·平方公里)]	多年平均	602（1963—2020 年）	346（1994—2020 年）	40.1（1989—2020 年）	591（1965—2020 年）	84.6（1963—2020 年）	65.5（1955—2020 年）	82.1（1954—2020 年）	24.7（1987—2020 年）
	2019 年	0.190	84.2	52.0	77.9	13.6	12.3	12.9	13.1
	2020 年	1.76	156	18.1	69.5	30.4	28.9	10.7	11.4

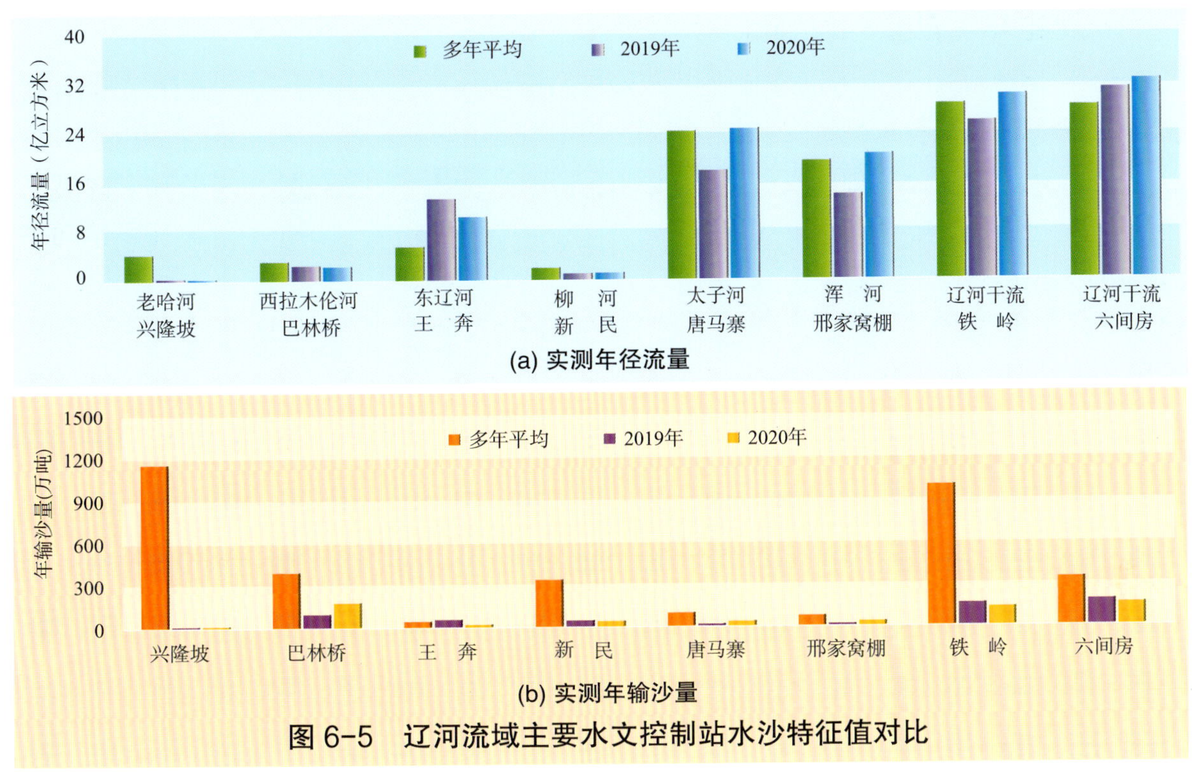

图 6-5 辽河流域主要水文控制站水沙特征值对比

和 27%；与上年度比较，兴隆坡、巴林桥和王奔各站分别减小 15%、6% 和 22%，六间房站基本持平，新民、唐马寨、邢家窝棚和铁岭各站分别增大 11%、39%、48% 和 17%。

2020 年辽河流域主要水文控制站实测输沙量与多年平均值比较，兴隆坡站偏小近 100%，巴林桥、王奔、新民、唐马寨、邢家窝棚、铁岭和六间房各站分别偏小 55%、55%、88%、64%、56%、87% 和 54%；与近 10 年平均值比较，兴隆坡、巴林桥、王奔和新民各站分别偏小 33%、13%、30% 和 25%，唐马寨站基本持平，邢家窝棚、铁岭和六间房各站分别偏大 27%、41% 和 8%；与上年度比较，兴隆坡、巴林桥、唐马寨和邢家窝棚各站分别增大 846%、86%、124% 和 134%，王奔、新民、铁岭和六间房各站分别减小 65%、11%、17% 和 13%。

近 5 年辽河流域主要水文控制站年平均实测水沙特征值与多年平均值比较，王奔站年平均径流量偏大 44%，兴隆坡、巴林桥、新民、唐马寨、邢家窝棚、铁岭和六间房各站分别偏小 90%、10%、49%、26%、22%、25% 和 19%；兴隆坡、巴林桥、王奔、新民、唐马寨、邢家窝棚、铁岭和六间房各站年平均输沙量分别偏小近 100%、52%、52%、75%、83%、76%、91% 和 67%。近 10 年水沙特征值与多年平均值比较，王奔站年平均径流量偏大 39%，唐马寨站和邢家窝棚站基本不变，兴隆坡、巴林桥、新民、铁岭和六间房各站分别偏小 88%、15%、55%、21% 和 9%；兴隆坡、巴林桥、王

图 6-6　2020 年辽河流域主要水文控制站逐月径流量与输沙量变化

奔、新民、唐马寨、邢家窝棚、铁岭和六间房各站年平均输沙量分别偏小近 100%、48%、35 %、84%、65%、65%、91% 和 57%。

3. 径流量与输沙量年内变化

2020 年辽河流域主要水文控制站逐月径流量与输沙量的变化见图 6-6。2020 年辽河流域各水文站径流量与输沙量年内分布差异较大，兴隆坡站和巴林桥站径流量分布相对均匀，输沙量集中在 6—9 月，分别占全年的近 100% 和 86%；王奔、邢家窝棚、铁岭和六间房各站径流量和输沙量主要集中在 8—10 月，分别占全年的 58%～64% 和 82%～99%；新民站和唐马寨站径流量和输沙量分布较均匀，主要集中在 5—9 月，径流量分别占全年的 83% 和 84%，输沙量分别占全年的 99% 和 97%。

三、典型断面冲淤变化

（一）嫩江江桥水文站断面

嫩江江桥水文站断面河床冲淤变化见图 6-7（大连基面）。与 2019 年相比，2020 年江桥站主槽右侧起点距 50～260 米范围略有淤积，270～300 米和 760～860 米范围略有冲刷下切，断面其他位置无明显冲淤变化。

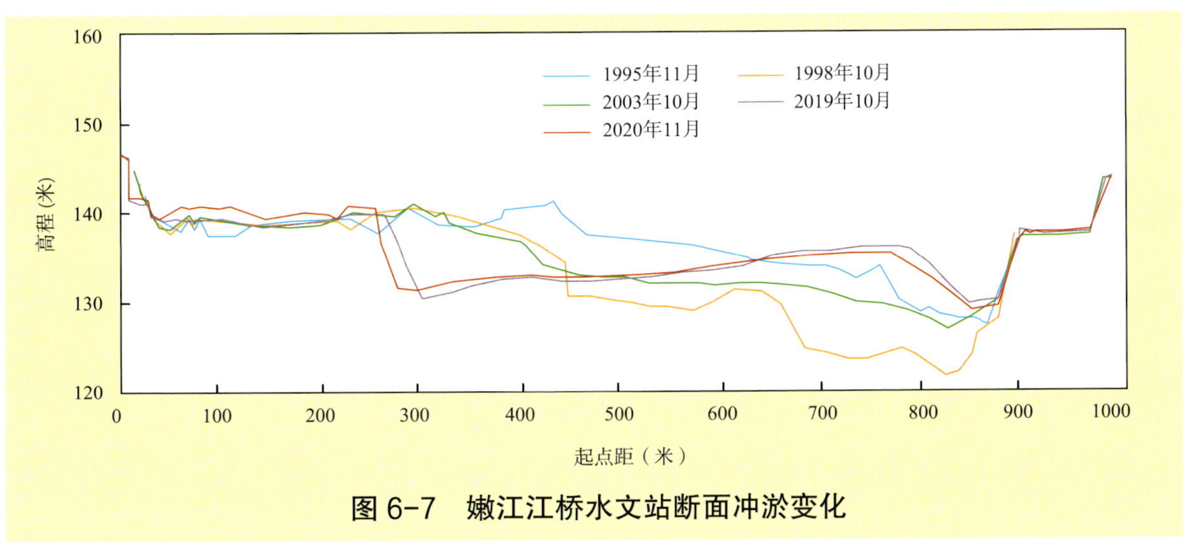

图 6-7　嫩江江桥水文站断面冲淤变化

（二）辽河干流六间房水文站断面

辽河干流六间房水文站断面冲淤变化见图 6-8。自 2003 年以来，六间房水文站断面形态总体比较稳定，滩地冲淤变化不明显；河槽有冲有淤，深泓略有变化，其中 2003—2009 年，主槽略有淤积，左岸发生冲刷，右岸发生淤积；2010 年以后，深泓主槽发生左移，河槽基本稳定。与 2019 年相比，2020 年六间房站断面右岸受汛期洪水冲淤影响，河槽深泓刷深，右侧河滩总体淤积。

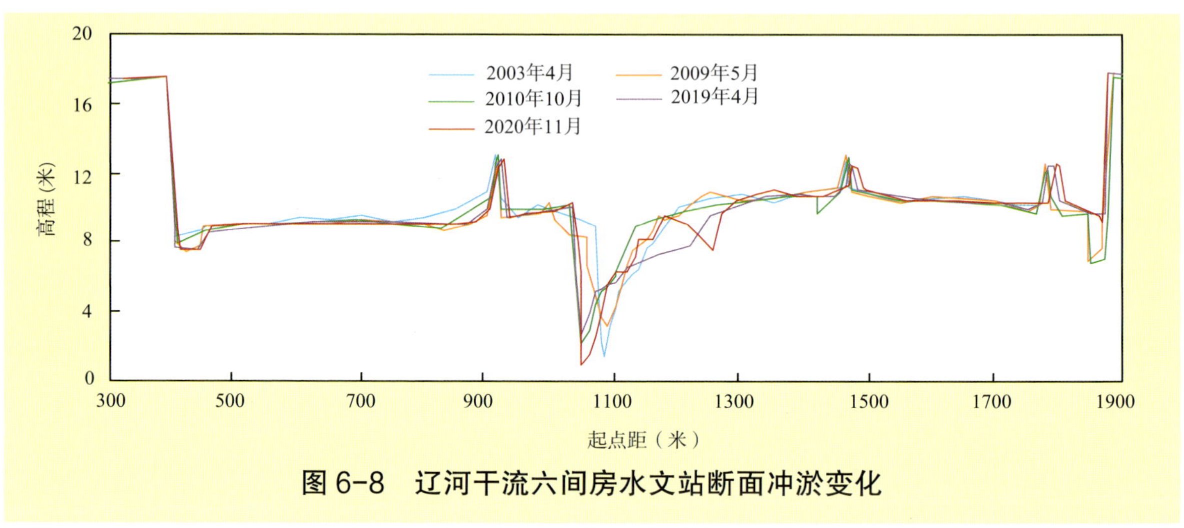

图 6-8　辽河干流六间房水文站断面冲淤变化

新安江水电站泄洪（刘柏良　摄）

第七章　东南河流

一、概述

以钱塘江和闽江作为东南河流的代表性河流。

（一）钱塘江

2020 年钱塘江流域主要水文控制站实测径流量与多年平均值比较，曹娥江上虞东山站偏小 6%，其他站偏大 11% ~ 18%；与近 10 年平均值比较，上虞东山站偏小 6%，其他站基本持平；与上年度比较，各站减小 13% ~ 28%。

2020 年钱塘江流域主要水文控制站实测输沙量与多年平均值比较，兰江兰溪站偏大 24%，衢江衢州站基本持平，上虞东山站和浦阳江诸暨站分别偏小 44% 和 50%；与近 10 年平均值比较，衢州站偏大 21%，其他站偏小 13% ~ 44%；与上年度比较，兰溪站基本持平，其他站减小 19% ~ 55%。

近 5 年钱塘江流域主要水文控制站年平均实测水沙特征值与多年平均值比较，上虞东山站年平均径流量偏小 11%，诸暨站基本不变，衢州站和兰溪站分别偏大 8% 和 12%；兰溪站年平均输沙量偏大 7%，其他站偏小 15% ~ 56%。近 10 年水沙特征值与多年平均值比较，上虞东山站年平均径流量基本持平，其他站偏大 8% ~ 15%；兰溪站年平均输沙量偏大 42%，衢州站和诸暨站分别偏小 20% 和 38%，上虞东山站基本持平。

2020 年度兰江兰溪水文站断面形态基本稳定，局部略有冲淤变化。

（二）闽江

2020 年闽江流域主要水文控制站实测径流量与多年平均值比较，各站偏小 15% ~ 56%；与近 10 年平均值相比，各站偏小 19% ~ 48%；与上年度比较，各站减小 39% ~ 55%。

2020 年闽江流域主要水文控制站实测输沙量与多年平均值比较，各站偏小 13% ~ 92%；与近 10 年平均值相比，各站偏小 23% ~ 89%；与上年度相比，各站减小 67% ~ 96%。

近5年闽江流域主要水文控制站年平均实测水沙特征值与多年平均值比较，永泰（清水壑）站年平均径流量偏小9%，七里街站基本持平，其他站偏大7%～11%；竹岐站和永泰（清水壑）站年平均输沙量分别偏小54%和42%，其他站偏大26%～62%。近10年水沙特征值与多年平均值比较，永泰（清水壑）站年平均径流量偏小16%，洋口站偏大9%，其他站基本持平；洋口站和沙县（石桥）站年平均输沙量分别偏大46%和9%，其他站偏小6%～67%。

2020年度闽江竹岐水文站断面形态基本稳定，局部略有冲淤变化。

二、径流量与输沙量

（一）钱塘江

1. 2020年实测水沙特征值

2020年钱塘江流域主要水文控制站实测水沙特征值与多年平均值、近10年平均值及2019年值的比较见表7-1和图7-1。

表7-1 钱塘江流域主要水文控制站实测水沙特征值对比表

河流		衢江	兰江	曹娥江	浦阳江
水文控制站		衢州	兰溪	上虞东山	诸暨
控制流域面积（万平方公里）		0.54	1.82	0.44	0.17
年径流量（亿立方米）	多年平均	62.91（1958—2020年）	172.0（1977—2020年）	34.38（2012—2020年）	11.91（1956—2020年）
	近5年平均	67.97	191.9	30.59	12.56
	近10年平均	67.79	197.5	34.38	13.63
	2019年	80.18	239.8	44.86	15.77
	2020年	69.97	203.6	32.23	13.49
年输沙量（万吨）	多年平均	101（1958—2020年）	227（1977—2020年）	32.1（2012—2020年）	16.0（1956—2020年）
	近5年平均	85.4	243	20.0	7.02
	近10年平均	81.2	323	32.1	9.89
	2019年	124	290	40.4	9.90
	2020年	98.3	281	18.0	7.98
年平均含沙量（千克/立方米）	多年平均	0.161（1958—2020年）	0.132（1977—2020年）	0.093（2012—2020年）	0.134（1956—2020年）
	2019年	0.155	0.121	0.090	0.063
	2020年	0.141	0.138	0.056	0.059
输沙模数[吨/(年·平方公里)]	多年平均	187（1958—2020年）	125（1977—2020年）	73.0（2012—2020年）	94.1（1956—2020年）
	2019年	229	159	92.4	57.6
	2020年	181	154	41.2	46.4

注 1. 上虞东山站近10年平均年径流量和年输沙量为2012—2020年的平均值。
2. 上虞东山站上游汤浦水库管网引水量和曹娥江引水工程引水量未参加径流量计算。

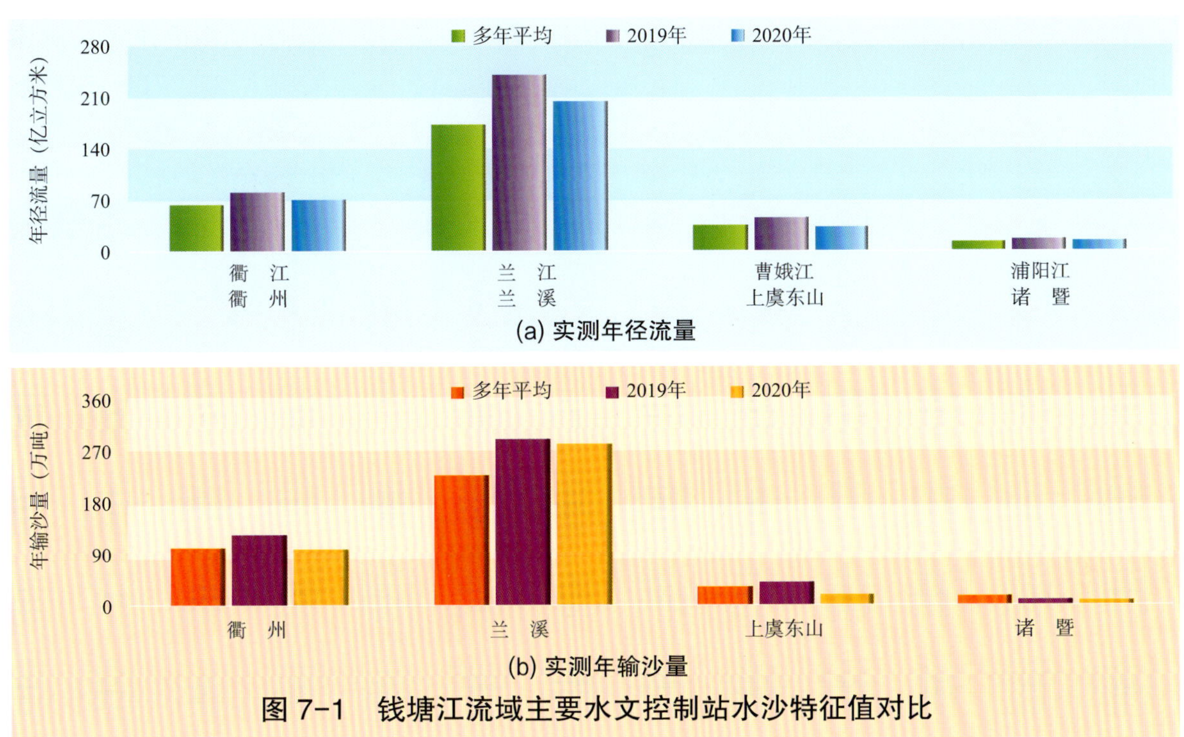

图 7-1 钱塘江流域主要水文控制站水沙特征值对比

2020 年钱塘江流域主要水文控制站实测径流量与多年平均值比较，衢江衢州、兰江兰溪和浦阳江诸暨各站分别偏大 11%、18% 和 13%，曹娥江上虞东山站偏小 6%；与近 10 年平均值比较，衢州、兰溪和诸暨各站基本持平，上虞东山站偏小 6%；与上年度比较，衢州、兰溪、上虞东山和诸暨各站分别减小 13%、15%、28% 和 14%。2020 年钱塘江流域主要水文控制站实测输沙量与多年平均值比较，兰溪站偏大 24%，衢州站基本持平，上虞东山站和诸暨站分别偏小 44% 和 50%；与近 10 年平均值比较，衢州站偏大 21%，兰溪、上虞东山和诸暨各站分别偏小 13%、44% 和 19%；与上年度比较，兰溪站基本持平，衢州、上虞东山和诸暨各站分别减小 21%、55% 和 19%。

近 5 年钱塘江流域主要水文控制站年平均实测水沙特征值与多年平均值比较，上虞东山站年平均径流量偏小 11%，诸暨站基本不变，衢州站和兰溪站分别偏大 8% 和 12%；兰溪站年平均输沙量偏大 7%，衢州、上虞东山和诸暨各站分别偏小 15%、38% 和 56%。近 10 年水沙特征值与多年平均值比较，上虞东山站年平均径流量基本持平，衢州、兰溪和诸暨各站分别偏大 8%、15% 和 14%；兰溪站年平均输沙量偏大 42%，衢州站和诸暨站分别偏小 20% 和 38%，上虞东山站基本持平。

2. 径流量与输沙量年内变化

2020 年钱塘江流域主要水文控制站逐月径流量与输沙量的变化见图 7-2。2020 年钱塘江流域各站径流量和输沙量主要集中在汛期 4—10 月，分别占全年的 73% ~ 83% 和 89% ~ 96%，其中 6—8 月分别占全年的 51% ~ 59% 和 77% ~ 89%。

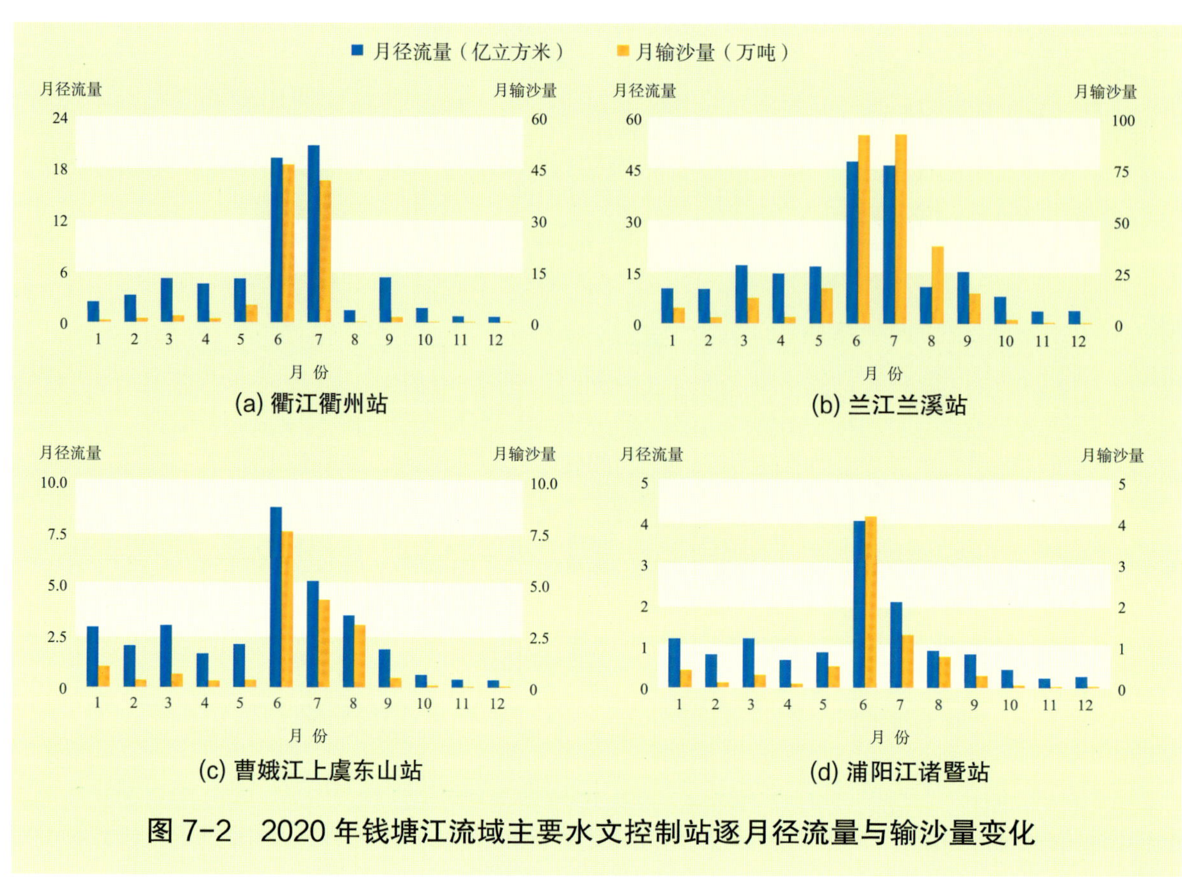

图 7-2 2020 年钱塘江流域主要水文控制站逐月径流量与输沙量变化

3. 洪水泥沙

2020 年钱塘江流域干支流发生 2 次编号洪水，1 号和 2 号洪水的水沙特征值见表 7-2。

表 7-2 2020 年钱塘江流域洪水泥沙特征值

河流	洪水编号	水文站	最大 1 日洪水径流量		最大 1 日洪水输沙量		最大 3 日洪水径流量		最大 3 日洪水输沙量		洪峰流量		最大含沙量	
			径流量（亿立方米）	发生时间（月.日）	输沙量（万吨）	发生时间（月.日）	径流量（亿立方米）	起始时间（月.日）	输沙量（万吨）	起始时间（月.日）	流量（立方米/秒）	发生时间（月.日 时:分）	含沙量（千克/立方米）	发生时间（月.日 时:分）
钱塘江	1	衢江衢州站	3.041	6.30	2.19	6.30	5.880	6.30	3.19	6.30	5700	6.30 23:00	1.05	6.30 19:26
		兰江兰溪站	5.512	7.01	2.59	6.30	12.07	6.30	4.99	6.30	10900	6.30 21:30	0.990	6.30 15:32
		浦阳江诸暨站	0.6031	6.21	0.124	6.21	1.502	6.20	0.225	6.19	871	6.21 01:55	0.258	6.21 03:30
	2	衢江衢州站	4.674	7.09	1.96	7.09	8.398	7.08	2.69	7.08	6650	7.09 13:45	0.583	7.09 10:45
		兰江兰溪站	5.728	7.09	3.21	7.09	14.29	7.08	5.57	7.08	8260	7.09 18:00	0.916	7.09 20:29
		浦阳江诸暨站	0.4147	7.08	0.041	7.07	0.8536	7.07	0.090	7.07	664	7.07 23:55	0.206	7.07 19:30

注 兰溪站年最大含沙量 2.52 千克 / 立方米（8 月 5 日）。

（二）闽江

1. 2020 年实测水沙特征值

2020 年闽江流域主要水文控制站实测水沙特征值与多年平均值、近 10 年平均值及 2019 年值的比较见表 7-3 和图 7-3。

表 7-3　闽江流域主要水文控制站实测水沙特征值对比表

河　　流		闽　江	建　溪	富屯溪	沙　溪	大樟溪
水文控制站		竹　岐	七里街	洋　口	沙县（石桥）	永泰（清水壑）
控制流域面积（万平方公里）		5.45	1.48	1.27	0.99	0.40
年径流量（亿立方米）	多年平均	539.7（1950—2020 年）	156.8（1953—2020 年）	139.7（1952—2020 年）	93.24（1952—2020 年）	36.35（1952—2020 年）
	近 5 年平均	579.2	165.4	154.6	100.5	33.13
	近 10 年平均	558.9	164.6	152.7	94.60	30.70
	2019 年	716.8	219.7	197.7	122.5	30.34
	2020 年	415.0	133.4	118.5	55.07	16.05
年输沙量（万吨）	多年平均	525（1950—2020 年）	150（1953—2020 年）	136（1952—2020 年）	109（1952—2020 年）	50.9（1952—2020 年）
	近 5 年平均	243	190	220	139	29.4
	近 10 年平均	172	142	198	119	30.7
	2019 年	526	525	445	356	11.7
	2020 年	88.5	109	118	13.0	3.88
年平均含沙量（千克/立方米）	多年平均	0.097（1950—2020 年）	0.095（1953—2020 年）	0.093（1952—2020 年）	0.114（1952—2020 年）	0.138（1952—2020 年）
	2019 年	0.074	0.238	0.225	0.291	0.039
	2020 年	0.021	0.082	0.099	0.024	0.024
输沙模数［吨/(年·平方公里)］	多年平均	96.3（1950—2020 年）	102（1953—2020 年）	107（1952—2020 年）	110（1952—2020 年）	126（1952—2020 年）
	2019 年	96.5	355	350	356	29.0
	2020 年	16.2	73.7	92.9	13.1	9.60

2020 年闽江干流水文控制站竹岐站实测径流量比多年平均值和近 10 年平均值分别偏小 23% 和 26%，比上年度减小 42%；实测输沙量比多年平均值和近 10 年平均值分别偏小 83% 和 48%，比上年度值减小 83%。

2020 年闽江主要支流水文控制站实测径流量与多年平均值比较，建溪七里街、富屯溪洋口、沙溪沙县（石桥）和大樟溪永泰（清水壑）各站分别偏小 15%、15%、41% 和 56%；与近 10 年平均值比较，上述各站分别偏小 19%、22%、42% 和 48%；与上年度比较，上述各站分别减小 39%、40%、47% 和 55%。2020 年闽江主要支流水文控制站实测输沙量与多年平均值比较，七里街、洋口、沙县（石桥）和永泰（清水壑）各站分别偏小 28%、13%、88% 和 92%；与近 10 年均值比较，上述各站分别偏小 40%、23%、87% 和 89%；与上年度比较，上述各站分别减小 73%、67%、79% 和 96%。

近 5 年闽江流域主要水文控制站年平均实测水沙特征值与多年平均值比较，永泰

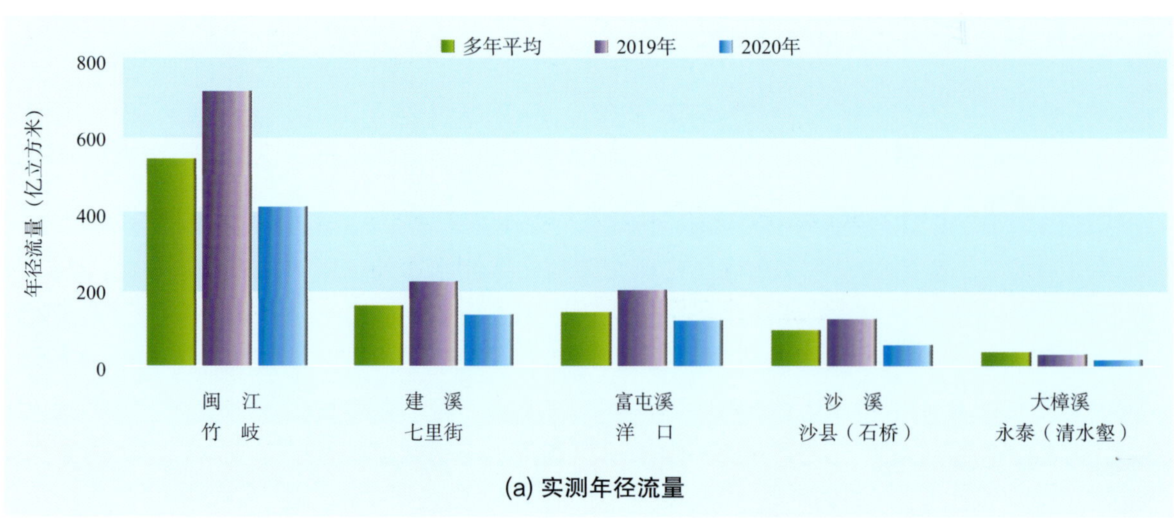

(a) 实测年径流量

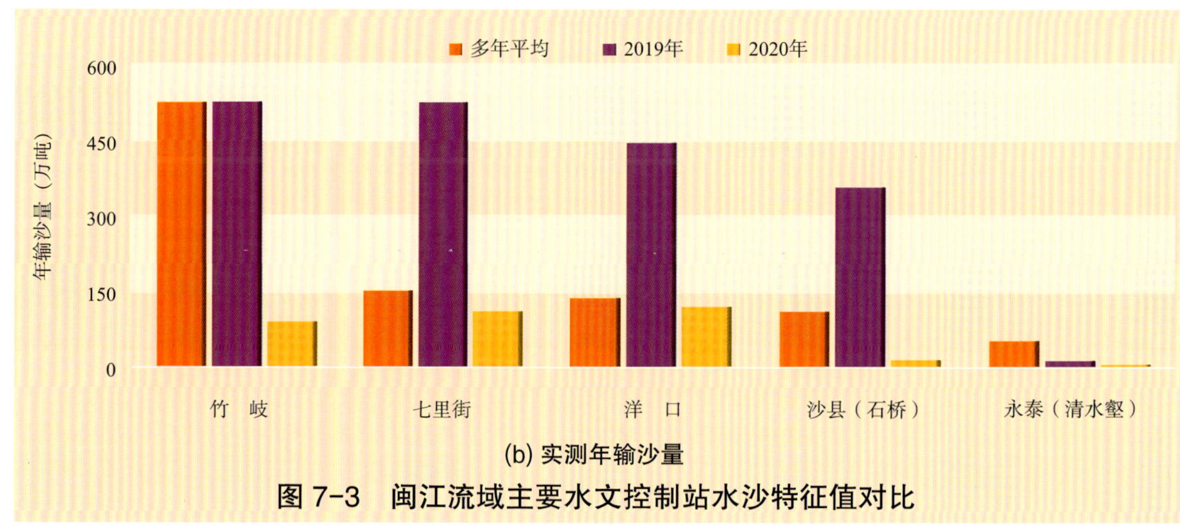

(b) 实测年输沙量

图 7-3　闽江流域主要水文控制站水沙特征值对比

（清水壑）站年平均径流量偏小 9%，七里街站基本持平，竹岐、洋口和沙县（石桥）各站分别偏大 7%、11% 和 8%；竹岐站年平均输沙量偏小 54%，永泰（清水壑）站偏小 42%，七里街、洋口和沙县（石桥）各站分别偏大 26%、62% 和 28%。近 10 年水沙特征值与多年平均值比较，永泰（清水壑）站年平均径流量偏小 16%，洋口站偏大 9%，其他站基本持平；洋口站年平均输沙量偏大 46%，沙县（石桥）站偏大 9%，竹岐、七里街和永泰（清水壑）各站分别偏小 67%、6% 和 40%。

2. 径流量与输沙量年内变化

2020 年闽江流域主要水文控制站逐月径流量与输沙量变化见图 7-4。2020 年各站汛期（4—9 月）径流量占全年的 62% ~ 73%，其中主汛期（4—6 月）占全年的 42% ~ 52%；2020 年各站汛期输沙量占全年的 73% ~ 93%，其中主汛期占全年的 45% ~ 86%。

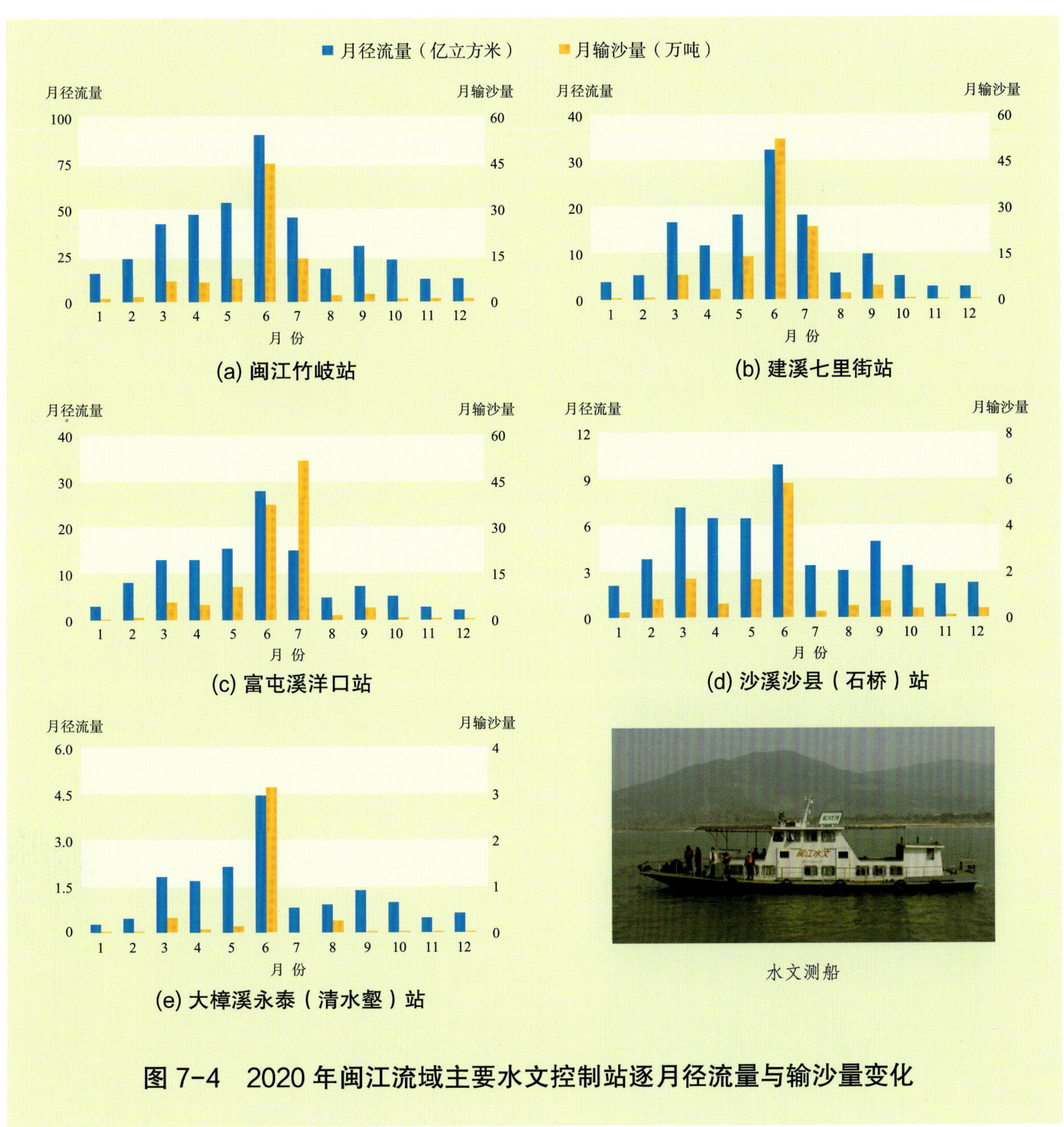

图 7-4　2020 年闽江流域主要水文控制站逐月径流量与输沙量变化

三、典型断面冲淤变化

（一）兰江兰溪水文站断面

钱塘江流域兰江兰溪水文站断面冲淤变化见图 7-5。与 2019 年相比，2020 年兰江兰溪水文站断面形态基本稳定，局部略有冲淤变化，其中起点距 150～230 米范围内略有冲刷，起点距 270 米附近和 300～320 米范围内略有淤积，断面其他部位基本稳定。

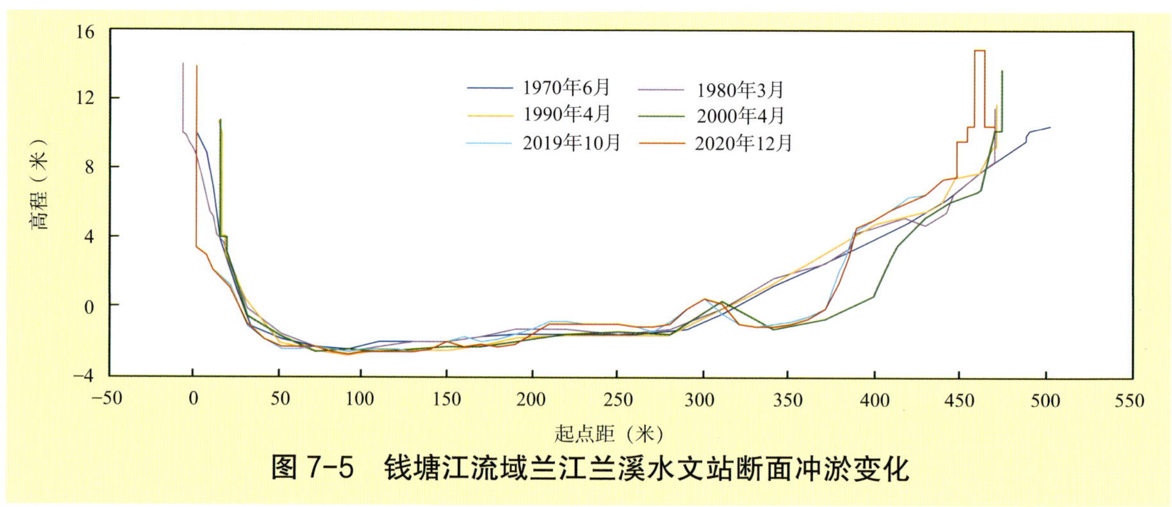

图 7-5　钱塘江流域兰江兰溪水文站断面冲淤变化

（二）闽江干流竹岐水文站断面

闽江干流竹岐水文站断面冲淤变化见图 7-6。与 2019 年相比，2020 年闽江干流竹岐水文站断面形态基本稳定，局部略有冲淤，其中起点距约 - 10～60 米范围内存在小范围冲刷下切。

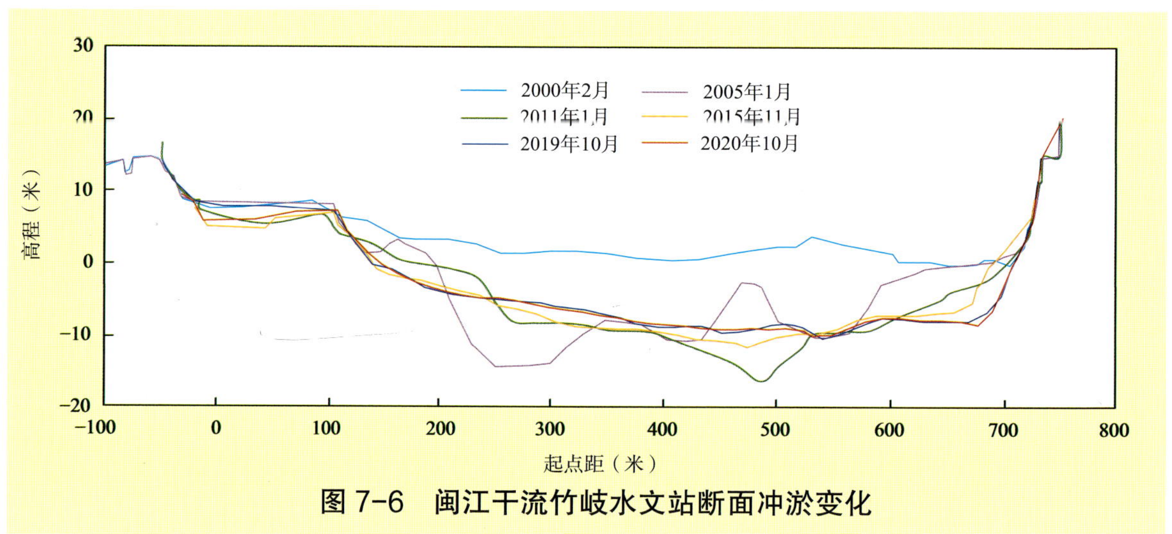

图 7-6　闽江干流竹岐水文站断面冲淤变化

四、重要泥沙事件

钱塘江流域梅雨期发生洪涝灾害。

2020 年度钱塘江流域梅雨期共发生 9 次较大范围的集中降雨过程。台风汛期，经历 6 次台风影响，其中 4 号台风“黑格比”在浙江省正面登陆，对钱塘江流域影响较大。在第 8 轮降雨期间，钱塘江中上游发生 2020 年第 2 号洪水，2020 年 7 月 7 日新安江屯溪站水文站的最大含沙量达到了 1.74 千克 / 立方米，练江渔梁站最大含沙量达到了 2.21 千克 / 立方米，均为年最大含沙量；练江渔梁站 7 月 7 日最大流量为 5100 立方米 / 秒，是设站（1955 年）以来第二位。新安江水库出现建库 61 年来最大洪水。新安江水库 7 月 8 日 9 时起开 9 孔泄洪，最大出库流量 7700 立方米 / 秒，属建库 61 年来首次，库水位 7 月 8 日 9 时达 108.42 米（85 基准基面），超历史极值，新安江电站首次采用 9 孔泄洪。位于上游的安徽省黄山市歙县遭遇特大洪涝灾害，3 小时内降水达 120 毫米，为 1969 年“7・5”洪水以来最大值，是 50 年一遇的大洪水。受持续暴雨和上游洪峰影响，歙县境内多条河流水位上涨，河水倒灌进入城区，导致城区多地积水严重，道路无法通行，歙县因洪水取消高考。

安徽省黄山市屯溪区明代老大桥被冲走

塔里木河下游河段（张沛　摄）

第八章　内陆河流

一、概述

以塔里木河、黑河、疏勒河和青海湖水系部分河流作为内陆河流的代表性河流，疏勒河为新增发布河流。

（一）塔里木河

2020 年塔里木河流域主要水文控制站实测径流量与多年平均值比较，开都河焉耆站基本持平，阿克苏河西大桥（新大河）站和玉龙喀什河同古孜洛克站分别偏大 10% 和 11%，叶尔羌河卡群站和塔里木河干流阿拉尔站分别偏小 13% 和 10%；与近 10 年平均值比较，西大桥（新大河）站和同古孜洛克站基本持平，焉耆站偏大 12%，卡群站和阿拉尔站分别偏小 21% 和 16%；与上年度比较，焉耆站和卡群站分别减小 33% 和 11%，其他站增大 6% ~ 17%。

2020 年塔里木河流域主要水文控制站实测输沙量与多年平均值比较，各站偏小 6% ~ 93%；与近 10 年平均值比较，各站偏小 17% ~ 83%；与上年度比较，西大桥（新大河）站和同古孜洛克站基本持平，其他站减小 8% ~ 77%。

近 5 年塔里木河流域主要水文控制站年平均实测水沙特征值与多年平均值比较，卡群站年平均径流量基本持平，其他站偏大 8% ~ 25%；同古孜洛克站年平均输沙量基本持平，其他站偏小 8% ~ 85%。近 10 年水沙特征值与多年平均值比较，焉耆站偏小 11%，其他站偏大 7% ~ 17%；卡群站和同古孜洛克站年平均输沙量分别偏大 7% 和 21%，其他站偏小 19% ~ 82%。

（二）黑河

2020 年黑河干流莺落峡站和正义峡站实测径流量与多年平均值比较，分别偏大 19% 和 24%；与近 10 年平均值及上年度比较，莺落峡站和正义峡站均基本持平。

2020 年黑河干流莺落峡站和正义峡站实测输沙量与多年平均值比较，分别偏小 78% 和 66%；与近 10 年平均值比较，莺落峡站和正义峡站分别偏小 60% 和 52%；与上年度比较，莺落峡站增大 15%，正义峡站减小 62%。

近 5 年黑河流域主要水文控制站年平均实测水沙特征值与多年平均值比较，莺落峡站和正义峡站年平均径流量分别偏大 28% 和 37%；莺落峡站和正义峡站年平均输沙量分别偏小 37% 和 9%。近 10 年水沙特征值与多年平均值比较，莺落峡站和正义峡站年平均径流量分别偏大 24% 和 25%；莺落峡站和正义峡站年平均输沙量分别偏小 45% 和 29%。

（三）疏勒河

疏勒河属于新增内陆河流，是甘肃省河西走廊内流水系的第二大内陆河流，发源于祁连山脉西段托勒南山与疏勒南山之间的疏勒脑，向北流出托勒南山的崇山峻岭后，经花儿地汇入昌马水库，称昌马河；流经昌马、玉门镇、饮马农场后，折向西流，接纳踏实河和党河后，入敦煌市西北的哈拉湖，消没于新疆维吾尔自治区东部边境的盐沼之中。全长 670 公里，控制流域面积为 4.13 万平方公里。拟发布疏勒河流域昌马河昌马堡和党河党城湾 2 个水文控制站的水沙信息。

2020 年疏勒河流域昌马堡站和党城湾站实测径流量与多年平均值比较，分别偏大 19% 和 10%；与近 10 年平均值比较，昌马堡站偏小 15%，党城湾站基本持平；与上年度比较，昌马堡站和党城湾站分别减小 28% 和 19%。

2020 年疏勒河流域昌马堡站和党城湾站实测输沙量与多年平均值比较，分别偏小 65% 和 72%；与近 10 年平均值比较，昌马堡站和党城湾站分别偏小 71% 和 67%；与上年度比较，昌马堡站和党城湾站分别减小 43% 和 67%。

近 5 年疏勒河流域主要水文控制站年平均实测水沙特征值与多年平均值比较，昌马堡站和党城湾站年平均径流量分别偏大 58% 和 23%；昌马堡站年平均输沙量偏大 64%，党城湾站偏小 10%。近 10 年水沙特征值与多年平均值比较，昌马堡站和党城湾站年平均径流量分别偏大 40% 和 12%；昌马堡站年平均输沙量偏大 20%，党城湾站偏小 15%。

（四）青海湖区

2020 年青海湖区布哈河布哈河口站和依克乌兰河刚察站实测径流量与多年平均值比较，分别偏大 84% 和 26%；与近 10 年平均值及上年度比较，布哈河口站和刚察站均基本持平。

2020 年青海湖区布哈河口站和刚察站输沙量与多年平均值比较，分别偏大 33% 和偏小 23%；与近 10 年平均值比较，布哈河口站和刚察站分别偏小 21% 和 32%；与上年度比较，布哈河口站和刚察站基本持平。

近 5 年青海湖区主要水文控制站年平均实测水沙特征值与多年平均值比较，布哈河口站和刚察站年平均径流量分别偏大 118% 和 48%；年平均输沙量分别偏大 111% 和 54%。近 10 年水沙特征值与多年平均值比较，布哈河口站和刚察站年平均径流量分别偏大 76% 和 31%；年平均输沙量分别偏大 67% 和 13%。

二、径流量与输沙量

（一）塔里木河

1. 2020 年实测水沙特征值

2020 年塔里木河流域主要水文控制站实测水沙特征值与多年平均值、近 10 年平均值及 2019 年值的比较见表 8-1 和图 8-1。

2020 年塔里木河干流阿拉尔站实测径流量和输沙量与多年平均值比较，分别偏小 10% 和 61%；与近 10 年平均值比较，分别偏小 16% 和 38%；与上年度比较，分别增大 6% 和减小 8%。

表 8-1　塔里木河流域主要水文控制站实测水沙特征值对比表

河　　流		开都河	阿克苏河	叶尔羌河	玉龙喀什河	塔里木河干流
水文控制站		焉　耆	西大桥（新大河）	卡　群	同古孜洛克	阿拉尔
控制流域面积（万平方公里）		2.25	4.31	5.02	1.46	
年径流量（亿立方米）	多年平均	26.30（1956—2020 年）	38.10（1958—2020 年）	67.46（1956—2020 年）	22.99（1964—2020 年）	46.46（1958—2020 年）
	近 5 年平均	32.79	42.91	69.44	26.44	49.98
	近 10 年平均	23.37	42.35	74.13	26.89	49.58
	2019 年	38.74	35.87	66.00	22.36	39.44
	2020 年	26.13	41.83	58.75	25.48	41.78
年输沙量（万吨）	多年平均	63.2（1956—2020 年）	1710（1958—2020 年）	3070（1956—2020 年）	1230（1964—2020 年）	1990（1958—2020 年）
	近 5 年平均	9.45	1580	2600	1260	1110
	近 10 年平均	11.5	1380	3290	1490	1260
	2019 年	16.3	1170	2450	1140	851
	2020 年	4.58	1150	555	1160	786
年平均含沙量（千克/立方米）	多年平均	0.230（1956—2020 年）	4.30（1958—2020 年）	4.35（1956—2020 年）	5.06（1964—2020 年）	4.23（1958—2020 年）
	2019 年	0.042	3.26	3.71	5.09	2.16
	2020 年	0.018	2.77	0.946	4.55	1.88
输沙模数[吨/(年·平方公里)]	多年平均			610（1956—2020 年）	844（1964—2020 年）	
	2019 年			488	782	
	2020 年			110	796	

注　泥沙实测资料为不连续水文系列。

2020 年塔里木河流域四条源流主要水文控制站实测径流量与多年平均值比较，开都河焉耆站基本持平，阿克苏河西大桥（新大河）站和玉龙喀什河同古孜洛克站分别偏大 10% 和 11%，叶尔羌河卡群站偏小 13%；与近 10 年平均值比较，焉耆站偏大

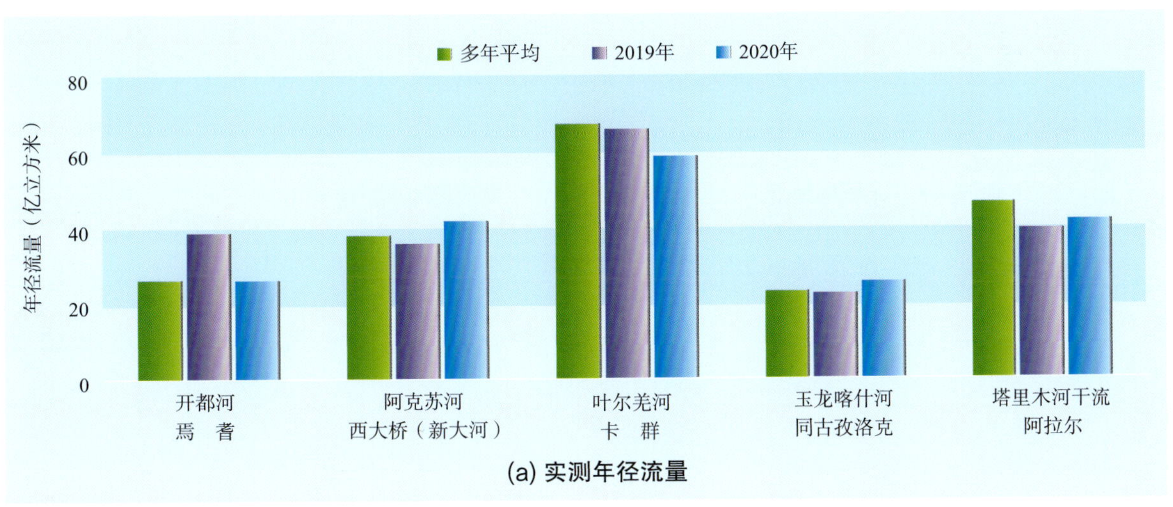

(a) 实测年径流量

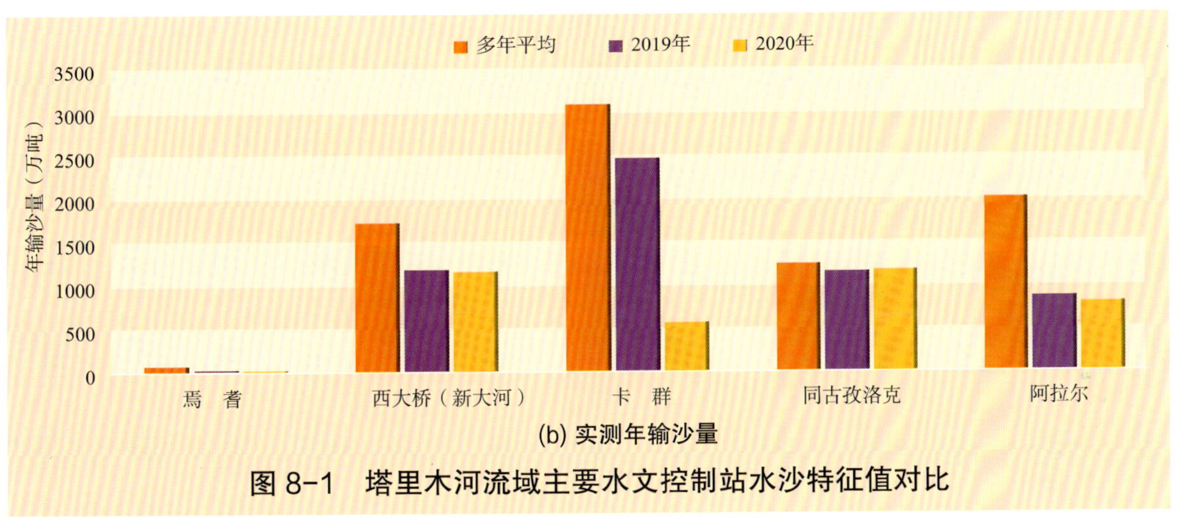

(b) 实测年输沙量

图 8-1　塔里木河流域主要水文控制站水沙特征值对比

12%，西大桥（新大河）站和同古孜洛克站基本持平，卡群站偏小 21%；与上年度比较，西大桥（新大河）站和同古孜洛克站分别偏大 17% 和 14%，焉耆站和卡群站分别偏小 33% 和 11%。

2020 年塔里木河流域四条源流主要水文控制站实测输沙量与多年平均值比较，焉耆、西大桥（新大河）、卡群和同古孜洛克各站分别偏小 93%、33%、82% 和 6%；与近 10 年平均值相比，焉耆、西大桥（新大河）、卡群和同古孜洛克各站分别偏小 60%、17%、83% 和 22%；与上年度比较，西大桥（新大河）站和同古孜洛克站基本持平，焉耆站和卡群站分别减小 72% 和 77%。

2019 年 11 月卡群水文站上游 50 多公里的阿尔塔什水库开始蓄水，导致 2020 年卡群站输沙量大幅度减少，2020 年输沙量主要是由区间支流山洪沙峰产生的。

近 5 年塔里木河流域主要水文站年平均实测水沙特征值与多年平均值比较，卡群站年平均径流量基本持平，焉耆、西大桥（新大河）、同古孜洛克和阿拉尔各站分别偏大 25%、13%、15% 和 8%；同古孜洛克站年平均输沙量基本持平，焉耆、西大桥（新大河）、卡群和阿拉尔各站分别偏小 85%、8%、15% 和 44%。近 10 年水沙特征值与多年平均值比较，焉耆站偏小 11%，西大桥（新大河）、卡群、同古孜洛克和阿拉尔各站分别偏大 11%、10%、17% 和 7%；卡群站和同古孜洛克站年平均输沙量分别偏大 7% 和 21%，焉耆、西大桥（新大河）和阿拉尔各站分别偏小 82%、19% 和 37%。

2. 径流量与输沙量年内变化

2020 年塔里木河流域主要水文控制站逐月径流量与输沙量变化见图 8-2。2020 年塔里木河流域焉耆站径流量和输沙量主要集中在 4—9 月，分别占全年的 67% 和 99%；

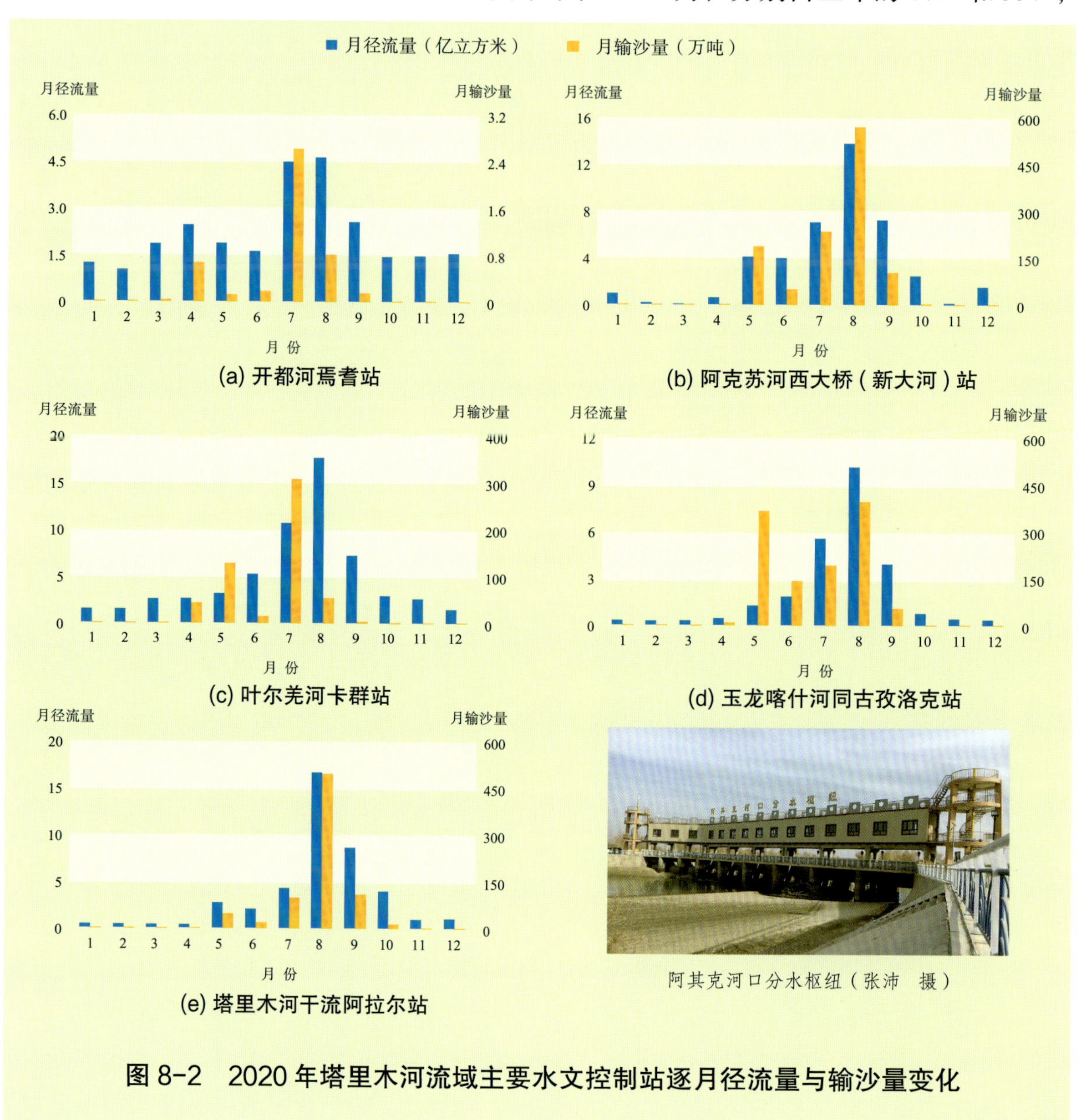

图 8-2　2020 年塔里木河流域主要水文控制站逐月径流量与输沙量变化

其他站径流量和输沙量主要集中在5—10月，分别占全年的79%～92%和92%～100%；各站最大径流量和输沙量均出现在7月或8月。

（二）黑河

1. 2020年实测水沙特征值

2020年黑河干流莺落峡站和正义峡站实测水沙特征值与多年平均值、近10年平均值及2019年值的比较见表8-2和图8-3。

2020年黑河干流莺落峡站和正义峡站实测径流量与多年平均值比较，分别偏大19%和24%；与近10年平均值及上年度比较，两站均基本持平。

2020年实测输沙量与多年平均值比较，莺落峡站和正义峡站分别偏小78%和66%；与近10年平均值比较，两站分别偏小60%和52%；与上年度比较，莺落峡站增大15%，正义峡站减小62%。

表8-2　黑河干流主要水文控制站实测水沙特征值对比表

水文控制站		莺落峡	正义峡
控制流域面积（万平方公里）		1.00	3.56
年径流量（亿立方米）	多年平均	16.67（1950—2020年）	10.57（1963—2020年）
	近5年平均	21.30	14.50
	近10年平均	20.68	13.23
	2019年	20.64	13.63
	2020年	19.83	13.15
年输沙量（万吨）	多年平均	193（1955—2020年）	138（1963—2020年）
	近5年平均	121	125
	近10年平均	106	98.4
	2019年	36.8	124
	2020年	42.4	46.8
年平均含沙量（千克/立方米）	多年平均	1.15（1955—2020年）	1.31（1963—2020年）
	2019年	0.179	0.912
	2020年	0.214	0.356
输沙模数［吨/（年·平方公里）］	多年平均	193（1955—2020年）	38.7（1963—2020年）
	2019年	36.8	34.8
	2020年	42.4	13.1

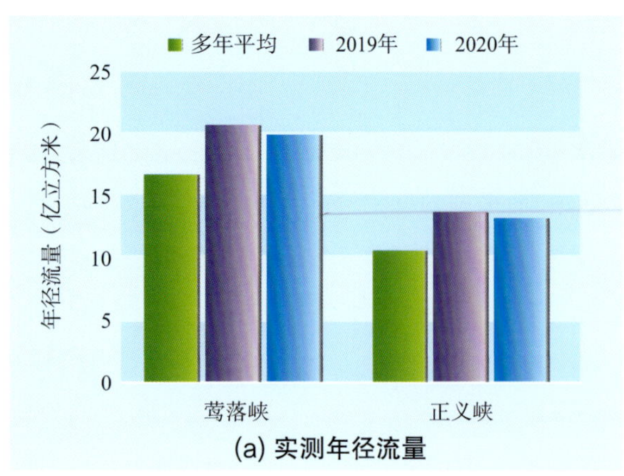

(a) 实测年径流量

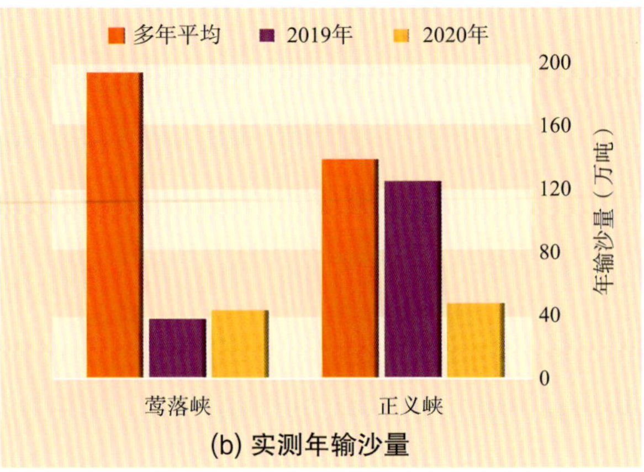

(b) 实测年输沙量

图 8-3　黑河干流主要水文站水沙特征值对比

近 5 年黑河流域主要水文控制站年平均实测水沙特征值与多年平均值比较，莺落峡站和正义峡站年平均径流量分别偏大 28% 和 37% ；莺落峡站和正义峡站年平均输沙量分别偏小 37% 和 9%。近 10 年水沙特征值与多年平均值比较，莺落峡站和正义峡站年平均径流量分别偏大 24% 和 25%；莺落峡站和正义峡站年平均输沙量分别偏小 45% 和 29%。

2. 径流量与输沙量年内变化

2020 年黑河干流莺落峡站和正义峡站逐月径流量与输沙量的变化见图 8-4。2020 年莺落峡站和正义峡站径流量和输沙量主要集中在 5—10 月，径流量分别占全年的 78% 和 58%，输沙量分别占全年的 100% 和 77%。

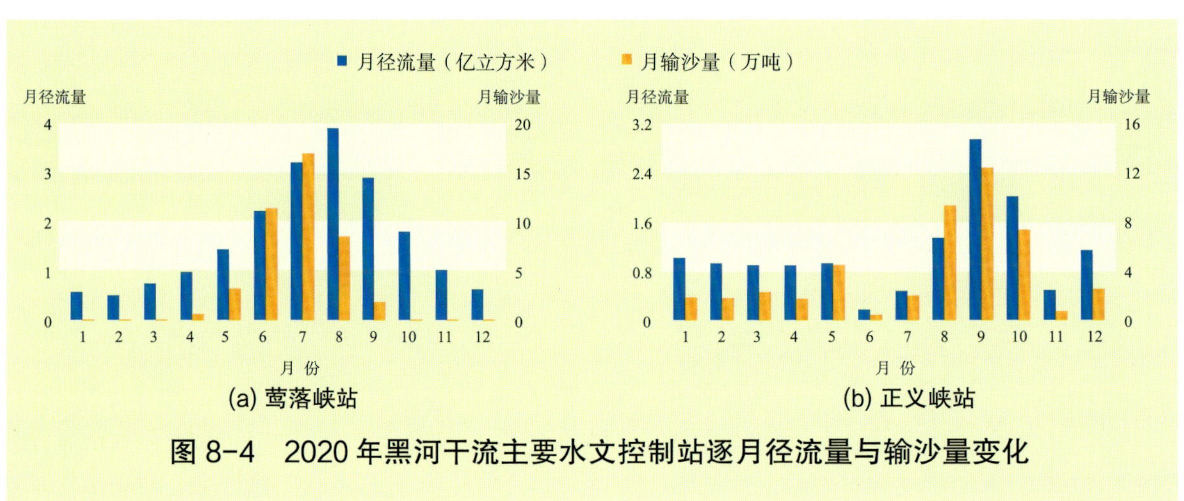

(a) 莺落峡站

(b) 正义峡站

图 8-4　2020 年黑河干流主要水文控制站逐月径流量与输沙量变化

（三）疏勒河

1. 新增水文站径流量与输沙量历年变化

昌马堡水文站是疏勒河干流出山口的控制水文站，位于甘肃省肃北蒙古族自治县鱼儿红乡，控制流域面积为 1.10 万平方公里。党城湾水文站是党河中游的控制水文站，位于甘肃省肃北蒙古族自治县党城乡党城湾，控制流域面积为 1.43 万平方公里。昌马堡站和党城湾站实测水沙特征值及径流量和输沙量的历年变化分别见表 8-3 和图 8-5。

表 8-3　疏勒河流域新增水文站实测水沙特征值

河　　流		昌马河	党　河
水文控制站		昌马堡	党城湾
控制流域面积（万平方公里）		1.10	1.43
年径流量（亿立方米）	多年平均	10.29（1956—2020 年）	3.734（1972—2020 年）
	最大值	17.43（2017 年）	5.057（2019 年）
	最小值	4.132（1956 年）	2.807（1975 年）
年输沙量（万吨）	多年平均	348（1956—2020 年）	73.0（1972—2020 年）
	最大值	1360（2002 年）	328（2010 年）
	最小值	43.7（1956 年）	15.3（2014 年）
年平均含沙量（千克 / 立方米）	多年平均	3.38（1956—2020 年）	1.96（1972—2020 年）
	最大值	8.50（2002 年）	9.30（2010 年）
	最小值	0.310（1995 年）	0.482（2014 年）
输沙模数［吨 /（年·平方公里）］	多年平均	316（1956—2020 年）	51.0（1972—2020 年）
	最大值	1236（2002 年）	229（2010 年）
	最小值	39.7（1956 年）	10.7（2014 年）

2. 2020 年实测水沙特征值

2020 年疏勒河流域昌马堡站和党城湾站实测水沙特征值与多年平均值、近 10 年平均值及 2019 年值的比较见表 8-4 及图 8-6。

2020 年疏勒河流域昌马堡站和党城湾站实测径流量与多年平均值比较，分别偏大 19% 和 10%；与近 10 年平均值比较，昌马堡站偏小 15%，党城湾站基本持平；与上年度比较，昌马堡站和党城湾站分别减小 28% 和 19%。

2020 年实测输沙量与多年平均值比较，昌马堡站和党城湾站分别偏小 65% 和 72%；与近 10 年平均值比较，昌马堡站和党城湾站分别偏小 71% 和 67%；与上年度比较，昌马堡站和党城湾站分别减小 43% 和 67%。

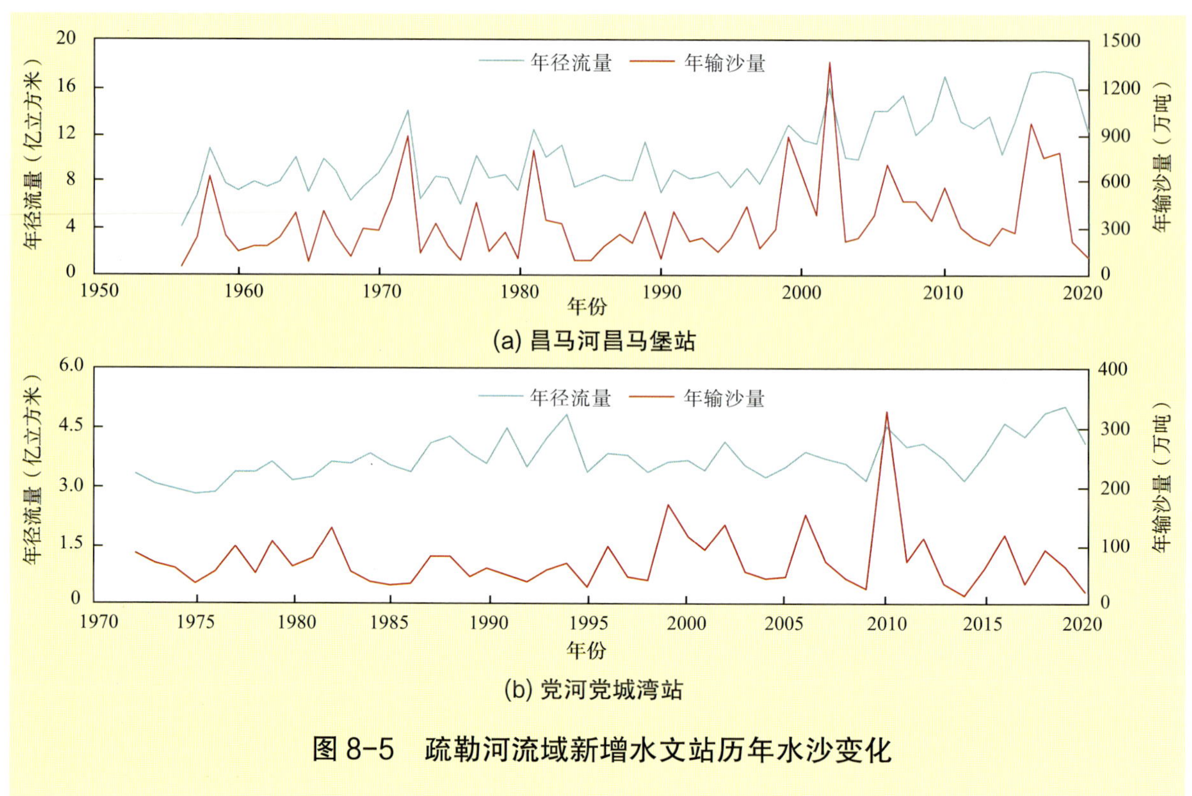

图 8-5　疏勒河流域新增水文站历年水沙变化

表 8-4　疏勒河流域主要水文控制站实测水沙特征值对比表

河　流		昌马河	党　河
水文控制站		昌马堡	党城湾
控制流域面积（万平方公里）		1.10	1.43
年径流量（亿立方米）	多年平均	10.29（1956—2020 年）	3.734（1972—2020 年）
	近 5 年平均	16.23	4.590
	近 10 年平均	14.40	4.174
	2019 年	16.91	5.057
	2020 年	12.25	4.091
年输沙量（万吨）	多年平均	348（1956—2020 年）	73.0（1972—2020 年）
	近 5 年平均	570	65.5
	近 10 年平均	416	62.3
	2019 年	213	62.5
	2020 年	121	20.8
年平均含沙量（千克/立方米）	多年平均	3.38（1956—2020 年）	1.96（1972—2020 年）
	2019 年	1.26	1.24
	2020 年	0.987	0.509
输沙模数[吨/(年·平方公里)]	多年平均	316（1956—2020 年）	51.0（1972—2020 年）
	2019 年	194	43.7
	2020 年	110	14.5

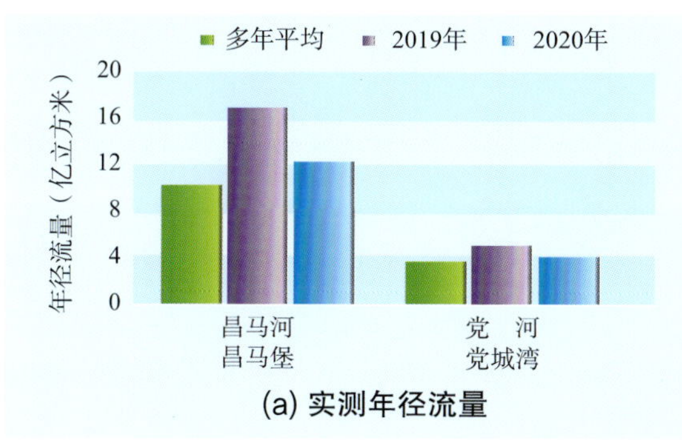

(a) 实测年径流量

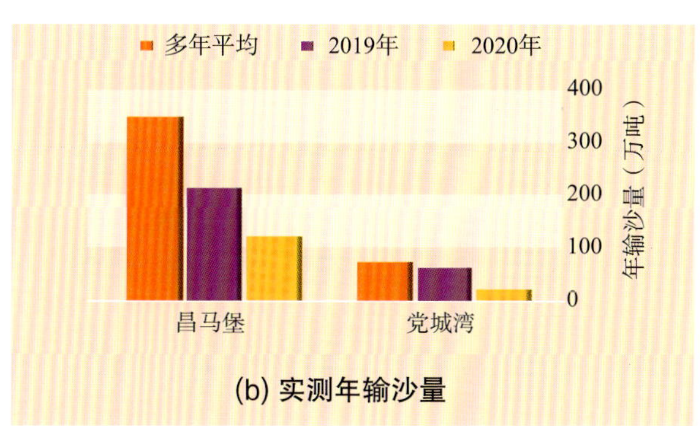

(b) 实测年输沙量

图 8-6　疏勒河流域主要水文站水沙特征值对比

近 5 年疏勒河流域主要水文控制站年平均实测水沙特征值与多年平均值比较，昌马堡站和党城湾站年平均径流量分别偏大 58% 和 23%；昌马堡站年平均输沙量偏大 64%，党城湾站偏小 10%。近 10 年水沙特征值与多年平均值比较，昌马堡站和党城湾站年平均径流量分别偏大 40% 和 12%；昌马堡站年平均输沙量偏大 20%，党城湾站偏小 15%。

3. 径流量与输沙量的年内变化

2020 年疏勒河流域昌马堡站和党城湾站逐月径流量与输沙量的变化见图 8-7。2020 年疏勒河流域昌马堡站和党城湾站径流量和输沙量主要集中在 5—10 月，径流量分别占全年的 76% 和 60%，输沙量分别占全年的 99% 和 55%。

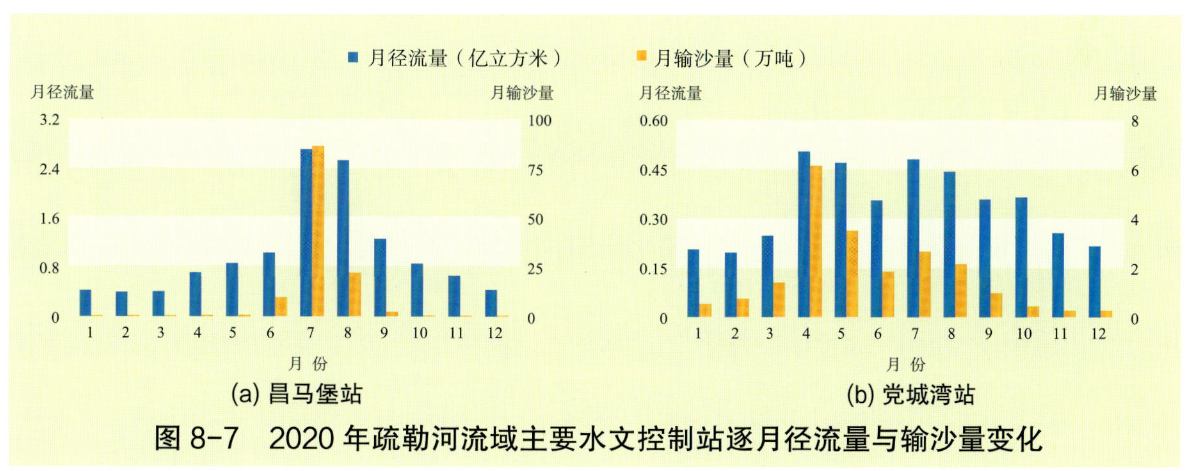

(a) 昌马堡站
(b) 党城湾站

图 8-7　2020 年疏勒河流域主要水文控制站逐月径流量与输沙量变化

（四）青海湖区

1. 2020 年实测水沙特征值

2020 年青海湖区主要水文控制站实测水沙特征值与多年平均值、近 10 年平均值及 2019 年值的比较见表 8-5 和图 8-8。

与多年平均值比较，2020 年布哈河口站和刚察站实测径流量分别偏大 84% 和

26%，年输沙量分别偏大 33% 和偏小 23%；与近 10 年平均值比较，两站年径流量基本持平，年输沙量分别偏小 21% 和 32%；与上年度比较，两站实测径流量和输沙量均基本持平。

表 8-5　青海湖区主要代表水文站实测水沙特征值对比表

河　　流		布 哈 河	依克乌兰河
水文控制站		布哈河口	刚　　察
控制流域面积（万平方公里）		1.43	0.14
年径流量（亿立方米）	多年平均	9.344（1957—2020 年）	2.836（1959—2020 年）
	近 5 年平均	20.40	4.186
	近 10 年平均	16.40	3.728
	2019 年	17.70	3.645
	2020 年	17.16	3.580
年输沙量（万吨）	多年平均	41.5（1966—2020 年）	8.44（1968—2020 年）
	近 5 年平均	87.5	13.0
	近 10 年平均	69.3	9.55
	2019 年	53.9	6.29
	2020 年	55.0	6.48
年平均含沙量（千克 / 立方米）	多年平均	0.439（1966—2020 年）	0.295（1968—2020 年）
	2019 年	0.305	0.173
	2020 年	0.320	0.181
输沙模数 [吨 /(年·平方公里)]	多年平均	28.9（1966—2020 年）	58.5（1968—2020 年）
	2019 年	37.6	43.6
	2020 年	28.9	44.9

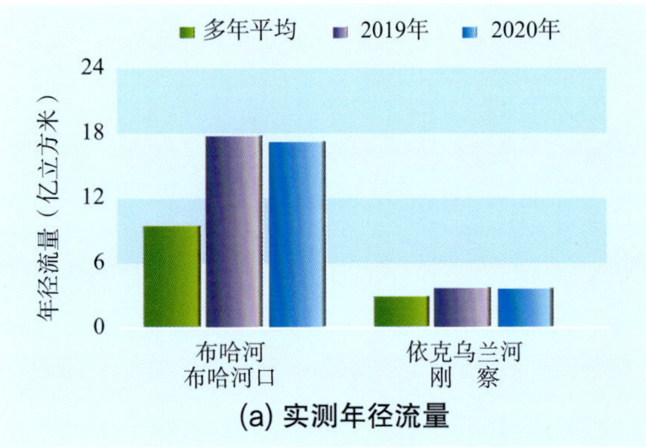

(a) 实测年径流量

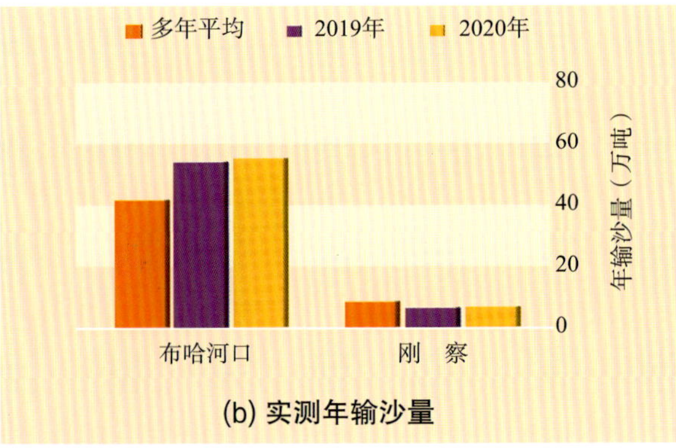

(b) 实测年输沙量

图 8-8　青海湖区主要水文控制站水沙特征值对比

近 5 年青海湖区主要水文控制站年平均实测水沙特征值与多年平均值比较，布哈河口站和刚察站年平均径流量分别偏大 118% 和 48%；布哈河口站和刚察站年平均输沙量分别偏大 111% 和 54%。近 10 年水沙特征值与多年平均值比较，布哈河口站和刚察站年平均径流量分别偏大 76% 和 31%；布哈河口站和刚察站年平均输沙量分别偏大 67% 和 13%。

2. 径流量与输沙量年内变化

2020 年青海湖区主要水文控制站逐月径流量与输沙量变化见图 8-9。2020 年青海湖区主要水文站径流量和输沙量主要集中在 6—10 月，布哈河口站径流量和输沙量分别占全年的 84% 和 94%，刚察站分别占全年的 81% 和 98%。

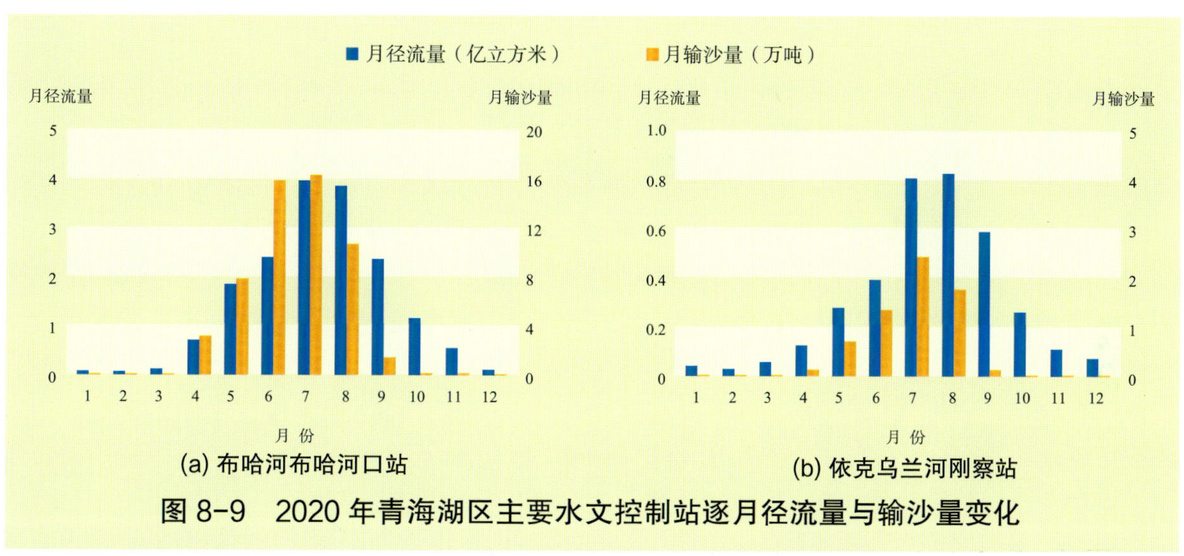

图 8-9 2020 年青海湖区主要水文控制站逐月径流量与输沙量变化

3. 洪水泥沙

2020 年在布哈河和依克乌兰河上发生了 2 次中小洪水，中小洪水对应水文站的水沙特征值见表 8-6。

表 8-6 2020 年青海湖区洪水泥沙特征值

河流	水文站	一日洪水			洪峰流量		最大含沙量	
		径流量（亿立方米）	输沙量（万吨）	发生时间（月.日）	流量（立方米/秒）	发生时间（月.日 时:分）	含沙量（千克/立方米）	发生时间（月.日 时:分）
布哈河	布哈河口	0.3275	8.44	6.22	446	6.22 11:00	4.81	6.22 08:00
依克乌兰河	刚察	0.0831	0.597	8.29	171	8.29 12:00	1.04	8.29 12:00
		0.0488	0.899	6.21	169	6.21 20:00	2.56	6.21 18:06

编委会

《中国河流泥沙公报》编辑部设在水利部国际泥沙研究培训中心